农村科技口袋书

功能性环保农膜新产品与新技术

中国农村技术开发中心　编著

中国农业科学技术出版社

图书在版编目（CIP）数据

功能性环保农膜新产品与新技术 / 中国农村技术开发中心编著. —北京：中国农业科学技术出版社，2015.12

ISBN 978-7-5116-2381-2

Ⅰ. ①功… Ⅱ. ①中… Ⅲ. ①农用薄膜 Ⅳ. ①TQ320.73

中国版本图书馆 CIP 数据核字（2015）第 281008 号

责任编辑 史咏竹 李 雪
责任校对 贾海霞

出　　版 中国农业科学技术出版社
北京市中关村南大街 12 号　　邮编：100081
电　　话（010）82105169　82109707（编辑室）
（010）82109702（发行部）（010）82109709（读者服务部）
传　　真（010）82109707
网　　址 http://www.castp.cn
经　　销 各地新华书店
印　　刷 北京地大天成印务有限公司
开　　本 880 mm × 1230 mm　1/64
印　　张 2.0625
字　　数 66 千字
版　　次 2015 年 12 月第 1 版　2017 年 9 月第 2 次印刷
定　　价 9.80 元

《功能性环保农膜新产品与新技术》

编 委 会

编写人员

主　编： 米庆华　王振忠　戴炳业

副主编： 艾希珍　董　文　魏　珉

宁堂原　王彦波

编　者：（按姓氏笔画排序）

史庆华　李　岩　李清明　杨凤娟

徐　坤　徐得泽　徐　静　曹崇江

韩　宾　谭业明　滕年军

前　言

为了充分发挥科技服务农业生产一线的作用，将先进适用的农业科技新技术及时有效地送到田间地头，更好地使“科技兴农”落到实处，中国农村技术开发中心在深入生产一线和专家座谈的基础上，紧紧围绕当前农业生产对先进适用技术的迫切需求，立足“国家科技支撑计划”等产生的最新科技成果，组织专家力量，精心编印了小巧轻便、便于携带、通俗实用的“农村科技口袋书”丛书。丛书筛选凝练了“国家科技支撑计划”农业项目实施取得的新技术，旨在方便广大科技特派员、种养大户、专业合作社和农民等利用现代农业科学知识，发展现代农业、增收致富和促进农业增产增效，为加快社会主义新农村建设和保证国家粮食安全做出贡献。

“农村科技口袋书”由来自农业生产、科研一线的专家、学者和科技管理人员共同编制，围绕着关系国计民生的重要农业生产领域，按年度开发形成系列丛书。书中所收录的技术均为新技术，成熟、实用、易操作、见效快，既能满足广大农民和科技特派员的需求，也有助于家庭农场、现代职业农民、种植养殖大户解决生产实际问题。

在丛书编制过程中，我们力求将复杂技术通俗化、图文化、公式化，并在不影响阅读的情况下，将书设计成口袋大小，既方便携带，又简洁实用，便于农民朋友随时随地查阅。但由于水平有限，不足之处在所难免，恳请批评指正。

编　者

2015 年 11 月

目　录

第三章　专用棚膜应用与配套管理关键新技术

第四章 功能性地膜应用技术

第五章 农膜生产加工与鉴别新方法

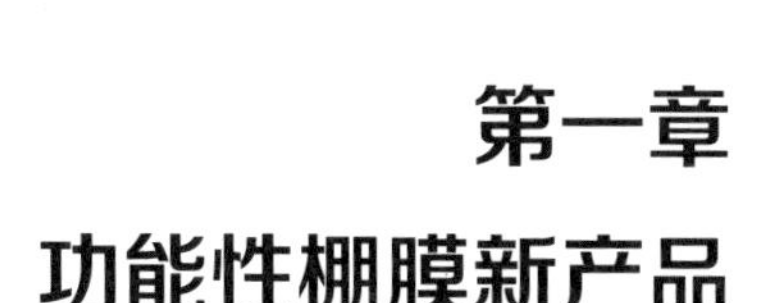

第一章
功能性棚膜新产品

功能性棚膜是为满足现代农业生产需求而开发出的新型产品。所谓的“功能性”是依据作物生产需求，从延长使用寿命、提高流滴消雾性能、调温调光功能等角度出发，对棚膜产品性能进行单项或复合性提升。目前，我国使用的功能性棚膜新产品主要有本章介绍的几种。

本章技术提供单位：山东农业大学

技　术　咨　询　人：米庆华、韩宾

长寿膜

棚膜的耐老化性是所有功能的前提。为节约树脂资源、降低生产成本，选择性能良好的树脂原料，采用低密度高压聚乙烯、线性低密度聚乙烯共混或选择性添加乙烯—醋酸乙烯共聚物、茂金属聚乙烯，并添加长寿助剂（光稳定剂、抗氧化剂等）等方法，开发出长寿膜，其寿命可达24～36个月。

树脂原料：线性低密度聚乙烯、低密度聚乙烯、茂金属聚乙烯、乙烯—醋酸乙烯共聚物等。

主要助剂：防老化助剂。

结构特点：一般为单层结构，厚度0.08～0.15毫米，宽度3～12米。

性能指标：使用寿命可达24～36个月。

主要用途：适于全国各地避雨栽培或外保温覆盖。

长寿流滴膜

棚膜覆盖后，棚内湿热的空气接触到温度较低的棚膜内表面，会发生冷凝，在棚膜内表面形成露滴。露滴悬着在棚膜上会影响棚膜的透光率；低温季节露滴滴落在作物上，会形成冷害；作物局部长期处于水浸状态或者棚内湿度长期过大，会诱发病害。

农膜生产中通过在膜内添加流滴剂制成流滴膜。流滴膜的主要作用原理是利用所添加的流滴剂中的亲水基团降低棚膜内表面冷凝水的表面张力，使“水滴”延展成“水片”，“水片”相互连接在棚膜内表面形成一层水膜，并在重力作用下利用棚膜坡度流下。但由于流滴剂的设计构造特殊（一端为亲水基、一端为亲油基），在使用过程中流滴剂会不断从内添加型流滴膜内部向表面（棚膜内、外表面）迁移以起到流滴效果，因此内添加型流滴膜具有一定的流滴功能期（流滴剂迁移并在棚膜表面均匀分布方有流滴效果，流滴剂迁移完后流滴功能丧失，且因流滴剂迁移形成的膜内微孔隙影响棚膜寿命）。为解决这一问题，目前农膜生产上利用多层共挤技术，将流滴剂主要添加在靠近棚膜内表面的功能层，减少流滴剂向棚膜外表面释放。

树脂原料：聚氯乙烯、乙烯—醋酸乙烯共聚物、低密度聚乙烯、线性低密度聚乙烯、茂金属聚乙烯等。

主要助剂：防老化助剂、保温剂、流滴剂等。

结构特点：1～3层。

性能指标：寿命12个月以上，流滴功能期5个月以上，功能期内棚膜无滴水。

主要用途：适于全国各类拱棚和日光温室早春或秋延迟栽培。

长寿高保温流滴消雾膜

当大棚膜内表面因温度差发生水汽冷凝时，如果形成的冷凝水无法及时消除，接近棚膜内表面的空气中水汽就会因迅速冷凝达到过饱和状态。当存在于空气中的微型水滴达到一定数量时就会形成雾。如果棚内起雾，会严重影响棚内光照条件，严重影响作物产量和品质。

农膜生产中一般在农膜内添加消雾剂或涂覆具有消雾功能的涂覆剂解决起雾问题。内添加型棚膜消雾剂与流滴剂配合使用，能促使农膜表面凝结的水膜迅速流下，可防止农膜内表面与棚内接触的界面附近水汽达到过饱和。内添加型消雾剂作用原理和流滴剂近似，但消雾剂能使水滴的表面张力降得更低。同时，消雾剂促使棚膜表面形成岛状结构，有利于雾气的消除。

树脂原料：聚氯乙烯、乙烯—醋酸乙烯共聚物、低密度聚乙烯、线性低密度聚乙烯、茂金属聚乙烯等。

主要助剂：防老化助剂、保温剂、流滴剂、消雾剂等。

结构特点：一般为 3 层，厚度 0.08 ～ 0.15 毫米，宽度 8 ～ 18 米。

性能指标：有效使用寿命可达 12 个月以上，5 个月的流滴消雾功能期内棚内无滴水，基本无雾（允许短时间内出现轻雾），红外线阻隔率大于 55%。

主要用途：适于全国各地日光温室越冬栽培。

涂覆型长寿流滴消雾保温膜

因内添加型长寿流滴消雾保温膜存在流滴剂、消雾剂流失问题，其流滴消雾功能期无法与棚膜寿命同步，因此棚膜生产上还可采用凹印涂覆或浸涂干燥法，在棚膜内表面涂覆一层具有流滴消雾功能的涂覆液，制成涂覆型长寿流滴消雾保温膜。涂覆液中功能基团作用原理与内添加的流滴剂、消雾剂相似。但由于涂覆液稳定存在于棚膜内表面，只要保障涂覆液层不受外力损伤（如剐、蹭），流滴功能基本不受影响，基本能够做到与农膜寿命同步。涂覆技术与三层共挤技术结合，可在棚膜中分层选择性添加更多功能助剂，更加有利于实现棚膜的多功能复合。

树脂原料：低密度聚乙烯、线性低密度聚乙烯、茂金属聚乙烯、乙烯—醋酸乙烯共聚物等。

主要助剂：防老化助剂、保温剂、具有流滴消雾功能的涂覆液等。

结构特点：一般为 3 层，厚度 0.08 ～ 0.15 毫米，宽度 8 ～ 14 米。

性能指标：使用寿命 1 ～ 3 年，使用期内棚内无滴水、基本无雾。允许使用初期棚膜表面有少量透明悬滴。

主要用途：适于全国各地日光温室、连栋温室、大棚的周年栽培。

转光型长寿保温流滴消雾膜

转光型长寿保温流滴消雾膜是在长寿保温流滴消雾膜中添加转光剂（稀土荧光化合物、有机荧光化合物或颜料等）实现光转换功能的薄膜。它能够将阳光中紫外光转换成为对作物有用的蓝紫光及红橙光，将黄绿光转换成为红橙光，从而改变透过膜的光质，为作物光合作用提供更充足的能量来源，提高光合效率，促进作物生长。在农业生产中具有促使作物提前收获、增产、改善品质（维生素、糖分等营养物质）的效果。此外，由于转光剂将高能量的短波光转换为低能量的长波光，在此转化过程中能量差以热量的形式向外释放，对提高棚内温度也有一定效果。

树脂原料：低密度聚乙烯、线性低密度聚乙烯、茂金属聚乙烯、乙烯—醋酸乙烯共聚物、聚氯乙烯等。

主要助剂：长寿助剂、保温剂、流滴剂、消雾剂（或流滴消雾涂覆液）、转光剂或颜料。

结构特点：主要为3层或5层。

性能指标：使用寿命12个月以上，使用期内棚内无滴水、基本无雾，允许使用初期棚膜表面有少量透明悬滴。透射光谱中蓝紫光及红橙光比例增加。

主要用途：适于全国各地日光温室或大棚高光效优质栽培。

五层共挤长寿流滴保温消雾膜

现代设施农业生产中作物需求趋向多样化，对棚膜的功能性要求越来越高。但由于各种助剂间存在相互干扰或总助剂添加量与棚膜结构、强度等方面的矛盾，迫切要求通过农膜加工设备、工艺和技术的进步解决这一问题，多层共挤技术、设备应运而生。五层共挤高保温消雾无滴农用大棚塑料薄膜产品配方和生产技术实现了农膜的“分层分功能”，能满足设施栽培的“多功能复合”需求。田间试验结果表明，该棚膜可同时实现棚膜流滴、消雾、保温、防老化、高光效等多功能复合，能较全面满足设施保护栽培条件下作物需求，可显著提高作物产量并改善品质。

树脂原料：乙烯—醋酸乙烯共聚物、低密度聚乙烯、线性低密度聚乙烯、茂金属聚乙烯、聚丙烯、聚酰胺等。

主要助剂：长寿助剂、保温剂、流滴剂、消雾剂、转光剂等。

结构特点：5层。

性能指标：使用寿命2～5年，内添加型流

滴消雾期 12 个月以上，功能期内棚内无滴水、基本无雾。

主要用途：适于全国各地日光温室、连栋温室多年覆盖栽培。

功能性专用棚膜

作物专用棚膜开发首先要确定作物生长最适宜的环境条件（温度、湿度、光质需求等），随后设计棚膜配方，并利用多层共挤技术分层添加功能助剂生产出棚膜产品。

树脂原料：低密度聚乙烯、线性低密度聚乙烯、茂金属聚乙烯、乙烯—醋酸乙烯共聚物等。

主要助剂：防老化助剂、保温剂、流滴剂、消雾剂、转光剂、散光剂、抑菌剂、颜料等。

结构特点：2～5层。

性能指标：为目标作物提供良好的栽培环境条件，提高产量或品质。

主要用途：适于全国各地目标作物设施栽培。

第二章 功能性地膜新产品

地膜覆盖可以改善土壤温度、水分、养分状况，改良土壤性状，提高肥料利用率，减轻杂草和病虫为害等。常见的功能性地膜有长寿透明地膜、黑色地膜、银灰防虫地膜、银黑双面地膜、黑白双面地膜、配色地膜、抑菌地膜、降解地膜等。

本章技术提供单位：山东农业大学

技 术 咨 询 人：米庆华、徐静、宁堂原

长寿透明地膜

长寿透明地膜透光性好，土壤增温效果明显，早春可使耕层土壤增温2～4℃，目前在生产中广泛应用。覆盖地膜后，土壤的水、肥、气、热等条件均得到改善，为作物的生长创造了良好的土壤环境条件，能加速作物生长发育，起到提前收获和增产增收的良好效果。长寿透明地膜因无抑草功能，需配合使用除草剂。该地膜选用耐老化原料和防老化助剂，便于回收，可减轻环境污染。

树脂原料：线型低密度聚乙烯等。

表观指标：厚度0.008～0.012毫米，幅宽70～300厘米。

结构特点：一般为单层。

性能指标：透光率90%以上，寿命大于210天。

主要用途：适于全国各地作物地面覆盖栽培。

黑色地膜

黑色地膜是在聚乙烯树脂中加入炭黑母料，经挤出吹塑加工而成。透光率小于20%，膜下杂草难以生长，覆盖后防草率可达95%以上。黑色地膜在阳光照射下，膜面增温快、温度高，但传导给土壤的热量较少，夏季中午有降温作用。

树脂原料：线型低密度聚乙烯、低密度聚乙烯等。

主要助剂：炭黑。

表观指标：厚度0.008～0.015毫米，幅宽70～300厘米。

结构特点：一般为单层。

性能指标：透光率＜20%。

主要用途：适于全国各地作物防杂草栽培。

银灰防虫地膜

银灰地膜除具有普通地膜的保温、保墒作用外，突出特点是具有反光、驱避蚜虫等作用，减轻病毒病的发生和蔓延。主要用于夏秋季高温期间防蚜、防病、抗热栽培。

树脂原料：线型低密度聚乙烯等。

主要助剂：铝粉或含铝粉母料。

表观指标：厚度 0.01 ～ 0.02 毫米，幅宽 70 ～ 300 厘米。

结构特点：一般为单层。

透光率：30% ～ 50%。

主要用途：适于全国各地蚜虫多发季节作物栽培。

银黑双面地膜

银黑双面地膜采用双层共挤吹塑加工而成，银色反光面是在聚乙烯树脂中加入银色母粒，黑色膜面加入炭黑母粒。银色面不仅可以反射可见光，而且能反射红外线和紫外线，具有补光调温、驱避蚜虫等作用；黑色面可抑制杂草生长。该地膜对植物根系发育具有较好的效果，保持土壤疏松，并能减少植物根部受到病害侵染。可增加地面反射光，利于下部果实着色，并可防止落果。

树脂原料：线型低密度聚乙烯等。

主要助剂：炭黑、银粉、荧光剂等。

表观指标：厚度0.01～0.02毫米，幅宽70～300厘米。

结构特点：2～3层。

性能指标：透光率＜10%。

主要用途：适于全国各地夏秋季作物补光调温、抑草驱虫栽培。

黑白双面地膜

该地膜一面为白色，一面为黑色，白色面向上，有反光降温作用，增强作物中下部功能叶片光合作用；黑色面向下，降温、保墒、灭草效果好。夏季高温时降温除草效果比黑色地膜更好，成本比银黑双面地膜低，主要用于夏秋果蔬栽培。

树脂原料：线型低密度聚乙烯等。

主要助剂：炭黑、白色颜料等。

表观指标：厚度为 0.01 ～ 0.02 毫米，幅宽 70 ～ 300 厘米。

结构特点：2 ～ 3 层。

性能指标：透光率＜ 10%。

主要用途：适于全国各地夏秋季作物补光调温、抑草驱虫栽培。

配色地膜

配色地膜是为了兼顾除草和调温而研制的功能性地膜。通常是黑色和无色透明相间，主要分为三条带和五条带配色膜。三条带配色膜中间条带为无色透明和黑色两种。五条带配色膜为黑色无色交替条带膜，中间黑色条带较宽，两侧分别

五条带黑白配色地膜生产

为相对较窄的无色透明和黑色条带。无色条带增温效果好，黑色条带具有除草、调温功能。目前已经在马铃薯、生姜、花生、烟草等作物上广泛应用。

树脂原料：线型低密度聚乙烯等。

主要助剂：炭黑等颜料。

表观指标：厚度 0.008 ～ 0.012 毫米，幅宽 70 ～ 300 厘米。

结构特点：1 层。

性能指标：透明带透光率＞ 90%，黑色带透光率＜ 20%。

主要用途：适于全国各地冬春季作物栽培。

抑菌地膜

抑菌地膜产品是将辣椒粉（素）或纳米银粉等助剂和树脂预混合好做成母粒，再在普通地膜挤出机上经吹塑成膜。抑菌地膜除具有一般地膜的增温、增光、保墒作用外，还具有抑制田间病菌和驱虫的功能，可减少农药的施用，提高作物产量及品质。

树脂原料：线型低密度聚乙烯等。

主要助剂：辣椒粉或辣椒油（素）或纳米银粉等，分散剂。

表观指标：厚度 0.008 ～ 0.012 毫米，幅宽 70 ～ 300 厘米。

结构特点：一般为单层或双层。

性能指标：透光率 ＞ 85%。

主要用途：适于全国各地作物地面抑菌驱虫覆盖栽培。

降解地膜

降解地膜主要有光降解地膜、热氧化—生物降解地膜、全生物降解地膜。光降解地膜原材料是光敏粒子与聚乙烯混合生产而成，是利用光对降解地膜的照射作用使降解地膜老化破碎，变成碎片，最终降解为有机物质与CO_2。热氧化—生物降解地膜原材料是热氧化粒子与聚乙烯混合生产而成，在光热作用下使地膜快速碎片化，分子量降低，低分子地膜碎片再被微生物（细菌、真菌和藻类）利用，最终将其分解为二氧化碳、水等。全生物降解地膜原材料是全生物降解树脂，在自然界光、温、湿和微生物综合作用下，可在一段时间内完全降解为二氧化碳和水，能做到完全降解及无污染物残留。降解地膜的降解过程受光、温、水影响。

树脂原料：线型低密度聚乙烯、低密度聚乙烯、聚己二酸/对苯二甲酸丁二酯、聚乳酸、聚碳酸酯等。

主要助剂：光敏剂、热氧化剂、开口剂、分散剂等。

表观指标：厚度 0.008 ～ 0.015 毫米，幅宽 70 ～ 300 厘米。

结构特点：一般为单层结构。

性能指标：功能期 60 ～ 180 天，可调。

主要用途：适于全国各地作物地面覆盖栽培（环保）。

第三章

专用棚膜应用与配套管理关键新技术

黄瓜专用膜应用关键技术

技术特点

黄瓜专用棚膜为涂覆型高保温聚烯烃无色膜，厚度 0.10 ～ 0.15 毫米，防雾、流滴性、保温性、防老化效果好，透光率 90% 以上。与普通塑料薄膜相比，黄瓜专用膜的保温性显著增强（红外阻隔率大于 60%），每天延迟覆盖保温被 0.5 ～ 1.0 小时，从而增加日光温室黄瓜的见光时间，提高室内温度，降低空气湿度，减轻病虫为害，减少农药用量，降低生产成本。利用黄瓜专用膜，结合植株调整、肥水管理、病虫害防治等关键技术，可使黄瓜产量提高10% 以上，产品质量显著提高。

应用范围

北方日光温室黄瓜产区。

关键配套生产技术

1. 设施结构与性能要求

日光温室跨度（内跨）10 ～ 14 米，后墙和山墙厚度 1 米以上，脊高 4.0 ～ 6.0 米，高跨比

（脊高与前跨的比值）0.45～0.54。通风口加装防虫网，门口有缓冲间。

2. 品种选择

选择耐低温、耐弱光、耐湿、抗病、优质、高产的品种，采用嫁接时，应选用对黄瓜枯萎病、根腐病、根结线虫病高抗或免疫，且对黄瓜口感品质无不良影响的南瓜品种做砧木。

3. 茬口安排

华东、华北地区可分秋冬茬和冬春茬，东北和西北地区北部一般采用秋冬春长季节栽培。秋冬茬栽培一般于7月下旬至8月中旬育苗，8月中旬至9月上旬定植，9月中旬至10月上旬开始采收，12月下旬至1月下旬拉秧。冬春茬栽培于11月下旬至12月下旬育苗，1月上旬至2月上旬定植，2月中旬至3月下旬开始采收，6月下旬拉秧。东北和西北地区北部秋冬春长季节栽培于8月上旬育苗，8月下旬至9月上旬定植，10月上中旬开始采收，翌年6月下旬拉秧。

4. 嫁接育苗

选用嫁接亲和力强、与接穗共生性好，且抗黄瓜根部病害、对接穗果实品质影响小的砧木品种，主要用黑籽南瓜、白籽南瓜等。可用草炭、蛭石和腐熟鸡粪按2∶2∶1（体积比）比例配制育苗基质，装入 50 孔或 72 孔穴盘育苗。

为防止病毒病、猝倒病等病害，播种前用 10% 磷酸三钠或 1% 高锰酸钾和 50% 多菌灵 600 倍液浸泡种子 20 ～ 30 分钟，洗净后用 55℃水浸种，砧木种子浸泡 16 ～ 18 小时，黄瓜种子浸泡 8 ～ 12 小时。然后在白天 25 ～ 28℃，夜间 15 ～ 18℃条件下催芽，幼芽露白时播种。先播接穗，接穗子叶顶土时播砧木。采用插接法嫁接，常规管理。

5. 栽培技术

整地施基肥：在中等肥力条件下，每亩撒施优质腐熟的鸡粪 6 ～ 8 立方米，复合肥 40 ～ 50 千克。为预防根结线虫病、根腐病等土传病害，可用棉隆、氰胺化钙（石灰氮）、阿维菌素等对土壤进行消毒，棉隆施用量以30千克/亩[①]左右为宜，氰胺化钙的适宜施用量为 50 ～ 75 千克 / 亩。深翻土壤 30 ～ 40 厘米，整平后南北向起垄，一般采用大小行栽培，大行距 70 厘米，小行距 50 厘米。

定植：幼苗 3 叶 1 心时，按 25 ～ 30 厘米的株距挖穴栽植。定植后沟内浇水，水量应充足，确保定植垄浸透。

---

① 1 亩≈ 667 平方米，全书同

温光管理：秋冬茬从定植到缓苗，应以促根为主，在保证土壤湿度的前提下，及时通风，白天温度控制在25～28℃，夜间13～18℃；光照过强时，用黑色遮阳网适当遮光。从缓苗后至根瓜采收，注意控制茎叶徒长，尽量增加通风时间和光照强度，延长光照时间。28℃以上打开通风口，20℃以下关闭通风口，保持白天温度22～26℃，夜间10～15℃。根瓜采收后，气温逐渐降低，应注意增光保温。当夜间最低气温降到15℃以下时，加盖草苫或保温被等不透明覆盖材料。10～11月，30℃以上打开通风口，22℃以下关闭通风口。室内最低气温降至18℃以下时，加盖保温被或草苫，但注意早揭晚盖。11月之后，32℃以上通风，24℃以下关闭通风口。晴天早晨保温被或草苫比普通塑料薄膜覆盖的日光温室提前30分钟揭开，下午延迟30分钟覆盖。保持白天温度22℃以上，夜间12℃以上。冬春茬定植初期（1～2月）光照弱、温度低，应注意增光保温。一要保持棚膜清洁，二要合理调节通风量和通风时间，32℃以上通风，24℃以下关闭通风口；三要合理拉放草苫，晴天时早揭早盖，阴天时晚揭早盖。尽量保持室内白天温度22℃以上，夜间12℃以上。3月后，气温逐渐回升，植株生长速度加快，应以控制植株徒长和病虫为害为主。因此，要逐步加大通风量和通风时间，28℃以上打开通风口，20℃以下关闭通风口，草苫早揭晚盖。保持室内气温白天25～28℃，夜间15～18℃。5～6月除了继续加大通风量和通风时间外，光照过强时还应用遮阳网适当遮光。

肥水管理：定植后连浇2次水，一般不需追肥。缓苗后适当控水蹲苗。根瓜坐住后，结合浇水每亩施复合肥25～30千克、腐熟纯鸡粪50千克或豆饼100千克。11月之后，30天左右浇1次水，每次浇水都要随水冲施氮磷钾复合肥20千克/亩和腐熟纯鸡粪30千克/亩。结果盛期可喷施0.5%磷酸二氢钾、0.5%尿素和15毫摩尔/升氯化钙，每15天喷施一次。

植株调整：黄瓜开始出现卷须时，及时吊蔓，吊蔓高度以1.7～2.0米为宜，当蔓高超过架顶时及时落蔓。及时摘除植株下部的老叶，一般保留12～15片叶即可。从根瓜坐住开始，每两节留1条瓜，出现一节多瓜时应及时摘除。低温弱光下，为预防化瓜现象可用10～15毫米/升的2,4-D蘸花，也可于开花当天进行人工授粉。

6. 采　收

环境条件适宜时，可适当晚收，以提高产量；

冬季适当早收，避免因低温弱光而影响其他果实发育或引起化瓜过多。

7. 病虫害防治

日光温室黄瓜的主要病害有：猝倒病、霜霉病、白粉病、灰霉病、根腐病、根结线虫病等。常见虫害有：蚜虫、白粉虱、美洲斑潜蝇、甜菜夜蛾等。

防治方法：选用抗病品种；合理布局，轮作换茬；嫁接育苗、起垄栽培、合理调控室内温湿度；日光温室内悬挂黄（蓝）色板（25 厘米 × 40 厘米）诱杀蚜虫、白粉虱等害虫，每亩悬挂 30 ～ 40 张；在通风口设置防虫网；可用 2% 宁南霉素水剂 200 ～ 250 倍液预防病毒病；用 0.5% 印楝素乳油 600 ～ 800 倍液喷雾防治蚜虫、白粉虱。

使用化学农药时，严禁使用剧毒、高毒、高残留农药和国家规定在绿色食品蔬菜生产上禁止使用的农药。

（1）猝倒病：可用 72% 霜霉威水剂 750 ～ 1 000 倍液，或 72% 霜脲锰锌可湿性粉剂 600 ～ 800 倍液喷雾，或 72% 霜脲锰锌可湿性粉剂加 300 倍干细土撒于苗基部。

（2）霜霉病：可用 25% 嘧菌酯悬浮剂 1 500 倍液，或 68.5% 氟吡菌胺 · 霜霉威盐酸悬浮液

1 000～1 500 倍液，或 52.5% 噁酮·霜脲氰水分散粒剂 2 000 倍液喷雾防治。

（3）白粉病：发病初期，可用 40% 氟硅唑乳油 6 000～8 000 倍液，或 43% 戊唑醇水悬浮剂 3 000～4 000 倍液，或 10% 苯醚甲环唑水分散颗粒剂 2 000～3 000 倍液，或 20% 三唑酮乳油 1 500～2 000 倍液，或 50% 嘧菌酯水分散粒剂 1 500～2 000 倍液。喷雾防治。

（4）灰霉病：发病初期，可用 50% 嘧菌酯可湿性粉剂 1 000～1 500 倍液，或 40% 嘧霉胺悬浮剂 1 000～1 200 倍液，或 40% 嘧霉胺悬浮剂 1 200 倍与 50% 异菌脲可湿性粉剂 1 200 倍液混合液，或 50% 异菌脲可湿性粉剂 800 倍液，或 50% 腐霉利可湿性粉剂 800 倍液，喷雾防治。

（5）疫病：发病初期，可用 18.7% 烯酰·吡唑酯水分散粒剂 600～800 倍液，或 72% 霜脲·锰锌可湿性粉剂 600～800 倍液，或 80% 的代森锰锌可湿性粉剂 600～800 倍液，或用 60% 吡唑醚菌酯水分散粒剂 1 000～1 500 倍，喷雾防治。

（6）根腐病：发病初期，可用 30% 噁霉灵水剂 3 000～6 000 倍液，或 60% 吡唑醚菌酯水分散粒剂 1 000～1 500 倍液，或 50% 甲基硫菌灵可湿性粉剂 500 倍液灌根防治。

（7）根结线虫病：定植前可用棉隆 30 千克 / 亩，或氰胺化钙（石灰氮）50 千克 / 亩等对土壤进行消毒。也可在植株生长期用阿维菌素乳油灌根，每亩灌 3 ～ 5 千克。

（8）蚜虫、白粉虱、美洲斑潜蝇：可用 25% 噻虫嗪水分散粒剂 2 500 ～ 3 000 倍液，或 10% 吡虫啉可湿性粉剂 1 000 倍液，或 25% 噻嗪酮可湿性粉剂 1 500 倍液，喷雾防治，注意叶背面。也可用 30% 吡虫啉烟剂，或 20% 异丙威烟剂熏杀。

（9）甜菜夜蛾：可用 2.5% 多杀霉素悬浮剂 1 000 ～ 1 500 倍液，或 48% 毒死蜱乳油 1 000 倍液，或 20% 虫酰肼悬浮剂 1 000 ～ 1 500 倍液，喷雾防治。

注意事项

（1）黄瓜专用棚膜为涂覆型，涂覆层经过 15 天左右的高温高湿后流滴效果好，秋季覆膜过晚，前期易在膜面形成悬滴。因此覆膜时间应由原来的 9 月下旬提前至 8 月下旬到 9 月上旬。

（2）该膜只在内面有涂覆层，外面无防雾、流滴功能，因此覆膜时须注意内外面，正确的覆膜方法是按照棚膜说明书指明的内外面覆盖。该棚膜粘接须用热塑机或熨斗，膜外面无涂覆层可热合，内面有涂覆层无法热合。热塑机热合重叠宽度5厘米以上，熨斗热合重叠宽度应在6～8厘米，同时保证粘接牢固。

（3）尽量少用含硫的烟雾剂熏棚，以免影响涂覆层的时效性。

（4）黄瓜专用膜厚度较普通棚膜厚，保温效果好。因此，冬季和早春保温被上午应早揭0.5小时，下午晚放0.5小时。

技术提供单位：山东农业大学

技 术 咨 询 人：艾希珍、米庆华

西瓜专用膜应用关键技术

技术特点

西瓜专用棚膜为涂覆型高保温消雾流滴膜，厚度0.08～0.10毫米，透光率90%以上。与常规流滴膜相比，全生育期累积透过辐射量提高5%～10%。棚内夜间温度提高1～2℃，空气相对湿度降低5%～8%，增产20%以上。

应用范围

适用于华北地区早春大棚西瓜生产。

关键配套生产技术

1. 设施结构与性能参数

选择地势高、土层深厚，通透性好，灌溉和排水方便的沙性或沙壤土地块建造大棚。大棚长度60～120米，宽8～12米，脊高2.5米以上。定植前20天左右在大棚外面扣西瓜专用棚膜。为提高保温效果，可在棚内设置保温幕（俗称二膜），距外膜15～20厘米。

2. 品种选择

选择耐低温、耐弱光、抗病、优质、高产的有籽或无籽早熟西瓜品种。砧木选择耐低温，高抗枯萎病、根结线虫和根腐病，以及根系发达的南瓜或葫芦品种，且对西瓜含糖量、瓤色和皮的厚度等无不良影响。

3. 茬口安排

大棚西瓜以早春栽培为主，根据不同采收时间的需要，一般 12 月中旬到 1 月上旬育苗，2 月上旬到 3 月上旬定植，4 月下旬到 6 月上旬采收。

4. 嫁接育苗

砧木育苗选用 50 孔穴盘，接穗育苗选用塑料方盘，育苗基质选用草炭、蛭石和充分发酵的有机肥以 7 ∶ 2 ∶ 1 混合。

采用顶插法嫁接，砧木比接穗播种提早 4 ～ 6 天。南瓜砧以第一片真叶露心时嫁接为宜，葫芦砧以第一片真叶展开时嫁接为宜。嫁接后 1 ～ 3 天白天温度保持在 28 ～ 30℃，夜间 23 ～ 25℃。白天覆盖遮阳网遮光，清晨、傍晚可以适当见光，但时间要短，保证接穗不萎蔫。嫁接后 4 ～ 6 天，苗床温度要适当降低，白天 26 ～ 28℃，夜间 20℃左右，这时可以适当通风、透光。嫁接苗生长 1 周后，伤口开始愈合，可以逐渐加大通风量，温度管理逐渐恢复正常，白天温度控制在22～25℃，夜间18～20℃。嫁接后20天左右苗就可以移栽，移栽前要逐渐降低温度炼苗。

5. 整地定植

扣棚前每亩施用鸡粪2～3立方米，复合肥30～40千克，进行深翻。栽植时，开沟集中使用腐熟的大豆饼肥100千克。为预防枯萎病、根结线虫和根腐病等土传病害的发生，每亩可用液体石灰氮20～30千克或威百亩20～25千克对土壤进行消毒。深翻整平后，按行距1.5～2.0米开定植沟。

定植前1～2天在瓜沟的中间位置开一行定植穴，穴深10～12厘米，株距40～50厘米。定植后覆盖地膜，浇透水，待水渗下后喷施一次50%多菌灵800倍液，然后搭建小拱棚。

6. 田间管理

温光管理：缓苗期一般不通风，白天温度保持在32℃左右，夜间温度应在15℃以上。缓苗后，白天打开保温幕和小拱棚膜，白天温度28℃左右，超过32℃打开通风口，降至22℃左右关闭通风口，夜间棚温保持在12℃以上。后期温度升高后，可将小拱棚撤除。当棚内夜间温度稳定在15℃以上时撤除保温幕，并逐步加大白天的通风量和通风时间。结果期白天温度控制在30℃左右，夜间保持在18℃左右。

水肥管理：坐瓜前一般不浇水，坐瓜后应及时浇催瓜水，果实膨大期每隔7～8天浇一次水，采收前7～10天停止浇水。坐瓜前不追肥，瓜膨大期每亩施用高钾三元复合肥30千克。

植株调整：西瓜多采取三蔓整枝方法。在西瓜秧蔓长至1米长时，保留主蔓和3～5节位的两条健壮枝蔓做侧枝，其余侧枝都摘除。开花期进行人工授粉，并可用200毫克/千克的氯吡脲喷花。一株选留1瓜，在留瓜节位以上10～15片叶打顶。

7. 适时采收

一般早熟品种雌花开放至成熟需28～30天。采收时保留一段瓜柄，以防止病菌侵入。

8. 病虫害的防治

早春西瓜主要病害有炭疽病、疫病等；主要虫害有蚜虫等。发生炭疽病时可用75%百菌清可湿性粉剂600倍液连喷2～3次。出现疫病可喷施50%甲霜铜可湿性粉剂700～800倍液，7～10天喷施一次，连喷2～3次。出现蚜虫时用50%抗蚜威200～300倍液或10%吡虫啉可湿性粉剂1 000倍液叶面喷雾1～2次。

注意事项

（1）西瓜专用膜为涂覆型薄膜，涂覆层经过15天左右的高温后流滴效果好，因此覆膜时间应比普通内添加膜覆膜早20天左右，通过密闭闷棚，提高棚内温度，以提高专用膜的流滴效果。

（2）西瓜专用膜属于高透光高保温长寿流滴消雾膜，可以连续两年用于早春大棚西瓜生产，在第一年使用完之后，将外表面灰尘清除干净，涂覆面晾干折叠后在阴凉处存放，以提高专用膜第二年的使用效果。

技术提供单位：山东农业大学
技 术 咨 询 人：史庆华、米庆华

番茄专用膜应用关键技术

技术特点

根据番茄的光需求特性，研发的番茄设施栽培专用膜为涂覆转光型棚膜，能够增加透射光谱中紫外线和红橙光比率，厚度 0.08 ～ 0.10 毫米，幅宽 9 ～ 14 米，具有消雾流滴持效时间长、保温和防老化效果好等优点，初始透光率 86% 以上。

专用膜与内添加型消雾流滴膜相比，可明显改善设施内温光环境条件，促进番茄生长发育，果实转色期提早 2 ～ 3 天，产量增加 10% 以上，并提高果实品质。

应用范围

适合我国北方地区日光温室番茄冬春茬、越冬茬或秋冬茬栽培，也适于大棚春提前和秋延后栽培。

关键配套生产技术

1. 设施结构与性能要求

采用地平式或下挖式日光温室，土墙、砖墙或异质复合墙体，温室长度 50 ～ 80 米，跨度 8 ～ 12 米，脊高 3.5 ～ 5.5 米，前屋面采光角度 22.5 度以上，后屋面仰角 45 度左右。拱棚长度一般为 40 ～ 60 米，跨度 8 ～ 12 米，高度 2 ～ 3 米，南北走向。温室、大棚的通风口处设置防虫网。

2. 品种选择

根据种植季节，选用耐低温弱光、早熟、抗病、优质、丰产、商品性好、符合消费习惯的优良品种。

3. 育 苗

采用穴盘育苗。壮苗标准为株高 15 ～ 20 厘米，茎粗 0.5 厘米，子叶完整，3 ～ 4 片真叶，叶色浓绿，侧根多而白，无病虫，无损伤。

4. 定植前准备

（1）扣棚。定植前，提早 20 天扣棚。

（2）棚室清理与消毒。上茬作物结束后，及时将前茬作物的残枝烂叶彻底清出棚室。选择晴天上午，密闭高温焖棚，操作用的农具同时放入室内消毒。为预防根结线虫病、青枯病等土传病害，可亩用氰胺化钙（石灰氮）100～150千克、棉隆30千克左右进行土壤消毒。

（3）整地作畦。每亩施入腐熟鸡粪5～6立方米，氮磷钾复合肥50～60千克，深翻土壤30厘米，将地整平。多采用垄栽，大行距80～100厘米，小行距50厘米左右，垄高15厘米。

5. 定 植

适期定植，定植密度依品种特性、整枝方式、栽培季节而异，一般每亩定植2 000～3 000株，地膜覆盖。

6. 栽培管理要点

（1）温光管理。番茄定植初期，保持温度25～28℃，促进植株缓苗。开花结果期要求一定的昼夜温差，昼温23～28℃，夜温15～20℃为宜。光照管理应注意保持棚膜清洁，增加透光率。在温度允许的情况下尽量早揭晚盖保温覆盖物，增加光照时间。

（2）水肥管理。定植时浇透定植水。缓苗后适当控制浇水，进行蹲苗。待第一穗果坐住后，浇促果水，之后每隔15～20天浇一次水，每亩隔水施水溶肥5～10千克。每次浇水追肥后注意加强通风排湿。

（3）植株调整。采用单干整枝，及时打杈和吊蔓落蔓。后期适时摘除老叶和病叶。

（4）保花保果。在每穗花开放2～3朵时，用30～40毫克/升番茄灵喷花，可防止落花落果，促进果实膨大、早熟和丰产。

7. 病虫害防治

番茄设施栽培中的主要病害是病毒病、灰霉病和叶霉病等，主要虫害是蚜虫、斑潜蝇和白粉虱等。

（1）生态防治：结合深翻，进行土壤消毒，消灭地下害虫的卵及土传病原菌；定植前高温焖棚；悬挂黄板，诱杀蚜虫、白粉虱和斑潜蝇。

（2）化学防治：以防为主，除了喷施化学农药外，建议施用烟雾剂和粉尘剂防病。病毒病可喷施1.5%植病灵乳剂1 000倍液或20%病毒A可湿性粉剂500倍液。灰霉病和叶霉病可采用30%百菌清烟剂熏蒸、10%世高1 500倍液或70%嘧霉胺可湿性粉剂1 500倍液等喷雾防治。

注意事项

（1）为延缓棚膜老化，可在夏季高温焖棚后更换新膜，保持棚膜良好的透光性和消雾流滴功能。

（2）当需要连接多块专用膜时，内外面无法直接正常粘接，需要过渡膜热合。

（3）专用膜使用期间，慎用含硫的烟雾剂熏棚，以免影响涂覆膜的流滴消雾功能。

技术提供单位：山东农业大学
技 术 咨 询 人：李岩、魏珉、米庆华

红色甜椒专用膜应用关键技术

技术特点

红色甜椒专用膜通过添加转光剂和红色母粒、采用涂覆型工艺制作而成，厚度0.08～0.10毫米，幅宽9～14米，具有消雾流滴持效时间长、保温和防老化性能好等优点，初始透光率85%以上，透射光谱中红橙光比例明显增加。

该膜有利于红色甜椒生长发育，提早开花坐果，果实着色早且均匀，采收期提前5～7天，并可增加果实中功能色素和可溶性糖含量。

应用范围

适合我国北方设施红色甜椒产区。

关键配套生产技术

1. 设施结构与性能要求

可参见番茄专用膜应用关键技术相关内容。

2. 品种选择

根据当地条件和市场需求选择生长势强、抗病、抗逆、高产优质品种。

3. 育　苗

采用穴盘育苗。定植标准为株高15～20厘米，4～6片真叶，叶色浓绿，茎秆粗壮，节间短，根系发达，无病虫害。

4. 定植前准备

（1）扣棚、棚室清理与消毒。可参见番茄相关内容。

（2）整地作畦。定植前深翻土地，结合深翻，进行施肥，然后作畦。中等肥力条件下，一般每亩施入腐熟有机肥（以优质腐熟鸡粪为例）5～7立方米，磷酸二铵25～30千克，硫酸钾复合肥30～50千克。深翻30厘米，整细耙平。多采用垄栽，大行距80～100厘米，小行距50～60厘米。若采用畦栽，畦宽通常1.2～1.4米。

5. 定　植

适期定植，定植密度依品种特性和栽培季节，一般每亩定植2 000～3 000株，地膜覆盖。

6. 栽培管理要点

（1）温光管理。定植缓苗期温度保持26～30℃促进缓苗；缓苗后白天温度23～25℃，夜间15～18℃。结果期白天温度25～28℃，夜间18～20℃。光照管理应注意保持棚膜清洁，增加透光率。在温度允许的情况下尽量早揭晚盖保温覆盖物，增加光照时间。

（2）水肥管理。定植时浇透定植水。缓苗后视墒情浇缓苗水，之后控水蹲苗。门椒坐住后，结合浇水每亩追施复合肥 10 ～ 15 千克，以后保持土壤湿润。对椒坐住后，加大水肥用量，每 10 ～ 20 天浇一次水，每亩隔水施肥 10 ～ 15 千克。

（3）植株调整。一般采用双干整枝，门椒以下的侧枝全部摘除，及时吊蔓，生长后期摘除植株上的病残老叶。

（4）保花保果。冬春低温季节选用 20 ～ 30 毫克 / 升防落素或丰产剂 2 号 50 倍液在开花期喷花，促进坐果。

7. 病虫害防治

甜椒的主要病害有猝倒病、立枯病、病毒病、炭疽病、疫病、根腐病等；主要虫害有螨类、棉铃虫、蚜虫等。

（1）农业和物理防治。选择抗病虫品种；使用无病种子、播前进行种子消毒；采用无病床土或基质培育壮苗；适期定植，嫁接和轮作栽培；保持田园卫生，避免操作管理对植株造成损伤；黄板诱杀；合理施肥，膜下灌溉等。

（2）药剂防治。选用高效、低毒、低残留农药，应保持合理的用药和安全间隔期。①猝倒病和立枯病：用72%杜邦克露600～800倍液或70%甲基托布津1 000倍液等进行喷雾防治。②病毒病：喷施1.5%植病灵800倍液或20%病毒A可湿性粉剂500倍液。③炭疽病：可用1%武夷菌素水剂150～200倍液或2%农抗120水剂200倍液喷雾。④疫病：用25%瑞毒霉1 000倍液或70%甲基托布津800倍液喷雾防治。⑤根腐病：可用50%多菌灵或5%菌毒清水剂250～300倍液喷洒或灌根。⑥螨类和蚜虫：可用1%苦参碱乳油500倍液或5%除虫菊素乳油1 000～1 500倍液防治。⑦棉铃虫：可用2.5%功夫乳油5 000倍液或20%多灭威可湿性粉剂2 000～2 500倍液防治。

注意事项

（1）为延缓棚膜老化，可在夏季高温焖棚后更换新膜，保持棚膜良好的透光性和消雾流滴功能。

（2）当需要连接多块专用膜时，内外面无法直接正常粘接，需要过渡膜热合。

（3）专用膜使用期间，慎用含硫的烟雾剂熏棚，以免影响涂覆膜的流滴消雾功能。

技术提供单位：山东农业大学
技 术 咨 询 人：李岩、魏珉、米庆华

茄子专用膜应用关键技术

技术特点

茄子设施栽培专用膜采用涂覆型工艺，在树脂中添加红色母粒制作而成，厚度 0.08 ～ 0.10 毫米，幅宽 10 ～ 14 米，具有消雾流滴持效时间长、保温、防老化效果好等特点，初始透光率 85% 以上。

专用膜增加了透射光谱中的红橙光比例，有利于茄子旺盛生长，果实着色早且均匀，果形较大，可明显改善果实商品性及营养品质，尤其是提高茄子果实中可溶性糖含量和茄皮中花青素含量，产量提高 12% 以上。

应用范围

我国北方设施茄子产区。

关键配套生产技术

1. 设施结构与性能要求

参见番茄专用膜应用关键技术相关内容。

2. 品种选择

宜选用耐低温、耐弱光、抗病、优质、丰产、商品性好，符合当地消费习惯的优良品种。

3. 育　苗

采用自根苗或嫁接苗，嫁接多用劈接或套管嫁接法。

4. 定植前准备

（1）扣棚、棚室清理与消毒。可参见番茄相关内容。

（2）整地作畦：定植前 15 ～ 20 天整地、施肥。每亩施腐熟鸡粪等有机肥 5 ～ 7 立方米，氮磷钾（15-15-15）三元复合肥 40 ～ 50 千克，施肥后深翻 25 厘米，整平、耙细。采用垄栽或畦栽，大行距 70 ～ 90 厘米，小行距 50 ～ 60 厘米，株距 40 ～ 50 厘米。

5. 定　植

适期定植，定植密度依品种特性和栽培季节，日光温室一年一大茬或冬春茬茬口，一般每亩定植 1 800 ～ 2 000 株；春茬拱棚茄子可适当增加密度，一般每亩定植 3 000 株左右，地膜覆盖。

6. 栽培管理要点

（1）温光管理：定植初期，上午温度一般控制在 25 ～ 30℃，下午 20 ～ 28℃，夜间 15℃左右；开花结果期采用 4 段变温管理，即上午 25 ～ 30℃，下午 20 ～ 28℃，前半夜 15 ～ 20℃，后半夜 12 ～ 15℃。光照管理应注意保持棚膜清洁，增加透光率。寒冬阴雪天气，也要揭苫，增加光照时间。连阴后的晴天，温度骤然升高，当发现植株萎蔫时需及时回苫。

（2）水肥管理：缓苗后浇缓苗水，之后控水蹲苗。当门茄长到 3 ～ 4 厘米时浇水追肥，每亩随水冲施水溶肥 10 ～ 15 千克；此后每 10 ～ 15 天浇水一次，隔水施肥。浇水追肥后注意放风排湿。

（3）植株调整：采用单干或双干整枝。及时绑缚吊蔓，将多余的侧枝、花果摘除。对植株基部的老叶、病叶及时摘除，以改善通风透光条件。

（4）保花保果：冬春低温季节选用 20 ～ 30 毫克 / 升防落素或丰产剂 2 号 50 倍液在开花期喷花，促进坐果。

7. 病虫害防治

设施栽培茄子的主要病害有黄萎病、灰霉病、叶霉病、菌核病、绵疫病等，主要虫害有蚜虫、白粉虱、红蜘蛛、茶黄螨等。可采用以下方法进行防治。

（1）农业、物理措施。选用抗病品种；使用无病种子或播前进行种子消毒，培育适龄壮苗；控制好温度、湿度，增施充分腐熟的有机肥，减少化肥用量；实行 4 ～ 5 年的轮作；设置黄板诱杀白粉虱、蚜虫、美洲斑潜蝇等害虫；释放丽蚜小蜂控制白粉虱；及时摘除病叶、病果，集中销毁。

（2）化学防治。发病初期及时施药防治，可选用以下药剂防控。①灰霉病：采用烟剂2号、灰霉净烟剂、克灰霉烟剂进行熏烟；或喷施0.3%科生霉素、2%武夷霉素、50%多菌灵、65%甲霉灵、60%灰霉克、40%施佳乐等，每隔7天喷1次。②叶霉病：可用烟剂1号、叶霉净烟剂进行熏烟；也可喷施0.3%科生霉素、2%武夷霉素、80%新万生、80%大生、50%敌菌灵、60%防霉宝、40%福星、68%倍得利等，每7～10天喷1次。③绵疫病：烟剂1号、克疫霜霉烟剂；喷施58%甲霜灵锰锌、69%安克锰锌、25%络氨铜、56%靠山、30%绿得保、30%氧氯化铜等。④菌核病：烟剂2号、速克灵烟剂；20%甲基立枯磷、40%菌核净、50%农利灵、50%复方菌核净、65%甲霉灵等。⑤黄萎病：采用50%混杀硫、12.5%增效多菌灵、10%高效1杀菌宝、60%防霉宝、50%琥胶肥酸铜、3.2%克枯星、50%苯菌灵等进行灌根。⑥茶黄螨：选用20%氰马（灭杀毙）乳油、73%克螨特乳油喷雾。每隔7～10天喷1次，连喷2～3次。⑦白粉虱：用25%扑虱灵可湿性粉剂，或20%吡虫啉喷雾。

注意事项

（1）为延缓棚膜老化，可在夏季高温焖棚后更换新膜，保持棚膜良好的透光性和消雾流滴功能。

（2）当需要连接多块专用膜时，内外面无法直接正常粘接，需要过渡膜热合。

（3）专用膜使用期间，慎用含硫的烟雾剂熏棚，以免影响涂覆膜的流滴消雾功能。

技术提供单位：山东农业大学

技 术 咨 询 人：杨凤娟、魏珉、米庆华

生姜专用膜应用关键技术

技术特点

生姜专用膜是根据生姜对光强、光质的需求规律，最新研发的专门用于生姜早春设施覆盖栽培的绿色塑料薄膜，其透光率 60% ～ 85%，透射光谱绿光比率较普通聚乙烯薄膜增加 5% ～ 15%，具有调节光强、光质及温度的多重效果。根据生姜栽培模式，生姜专用膜包括大棚膜、中棚膜、小棚膜及地膜等多种产品，其基本规格（幅宽 × 膜厚）分别为：4 米 ×（0.06 ～ 0.08）毫米、4 米 ×（0.03 ～ 0.06）毫米、3 米 ×（0.016 ～ 0.03）毫米及 2 米 ×（0.012 ～ 0.015）毫米。

生姜专用膜覆盖技术的显著特点是用专用膜替代了普通塑料薄膜和专门的遮光材料，其优势表现在以下几个方面。

（1）生姜专用膜实现了"一膜两用"，既可达到普通膜早春覆盖的保温效果，又科学调节了光照环境，无须在姜田专门使用遮阳网等遮光材料，简化了管理过程，亩节省投资 300 ～ 500 元。

（2）生姜专用膜覆盖环境的午间最高温度较

普通膜降低4～6℃，凌晨最低温度则无显著差异，显著降低了出苗期高温灼伤幼芽或幼苗期高温灼伤叶片的风险。

（3）生姜专用膜覆盖栽培的生姜植株叶片色素增加，光合作用增强，生理代谢旺盛，生长势较强，产量较普通膜覆盖栽培提高15%左右。

应用范围

适于全国春播秋收生姜产区。

关键配套生产技术

1. 栽培设施

生姜专用膜覆盖栽培设施可根据播期早晚及当地温度变化特点，选用大棚、中棚、小棚或地膜覆盖，也可选用2种以上设施进行组装配套用于生姜早春设施栽培，如大棚＋小棚＋地膜，为进一步提高环境温度，还可另外加盖草苫或保温幕。

2. 栽培茬口

生姜早春设施专用膜覆盖栽培可选择多种栽培模式及茬口，不同栽培模式生姜的播种期、收获期及栽培密度等均有所不同。在此，以山东生姜主产区为例说明如下。

（1）早春大棚多层覆盖促成栽培，一般播种期2月中下旬，收获期6月上旬至8月中旬，栽培行距70厘米、株距12～16厘米，每亩种植6 000～8 000株。

（2）早春大棚高产栽培，一般播种期3月上中旬、收获期8月下旬至11月上旬，栽培行距70厘米、株距20～22厘米，每亩种植4 500株左右。

（3）早春中小棚高产栽培，一般播种期3月下旬至4月上旬、收获期10月中下旬，栽培行距65～70厘米、株距20～22厘米，每亩种植5 000株左右。

3. 整地施肥

姜田应选择地势高燥，排水良好，土层深厚，有机质丰富的中性或微酸性的肥沃壤土。整地前撒施腐熟有机肥5 000千克/亩，深翻25厘米以上，整平耙细，之后按照设施延长方向开沟，沟深30厘米左右，沟距70厘米左右。沟底施入饼肥75千克/亩、氮磷钾三元复合肥（15-15-15）50千克/亩、锌肥2千克/亩、硼肥1千克/亩，顺沟撒施，划锄混匀。

4. 催芽播种

选用姜球肥大、芽眼饱满、皮色光亮、质

地硬实的姜块做种，并于播种前30天左右，置22～28℃环境中催芽。一般催芽20天左右、约70%萌发幼芽长度达1厘米左右时即可用于播种。播种前将催芽的姜种用手掰（或用刀切）成50～75克重的姜块，每块姜种原则上只保留一个壮芽；播种时先在种植沟内平放姜种，保持幼芽方向一致，覆土3～4厘米，播种完成后浇水、喷施除草剂、覆盖地膜或小拱棚。

5. 温光调节

（1）温度：早春设施栽培生姜播后苗前一般勿需通风，白天气温可保持25～35℃；生姜出苗后，设施内昼/夜温度保持22～30℃/15～20℃；约7月中旬前后，植株长至5个左右分枝时，可撤膜保持自然温度；9月底10月初温度较低时，可再次加盖棚膜进行延迟栽培。

（2）光照：生姜专用膜覆盖栽培，无论大、中、小拱棚，均勿需额外采取遮光措施，只要根据生姜对温度需求规律，调节设施内温度适于生姜生长，即可保证最佳光照环境。

6. 水肥管理

生姜出苗80%左右时浇一小水，勿需追肥，待植株展叶时应小水勤浇。姜苗具1～2个分枝时，可结合浇水，每亩冲施5～10千克的速溶性氮素肥料。生姜植株达“三股杈”后，应结合浅培土向沟内追施速效肥料，一般每亩追施三元复合肥（15-15-15）25千克、尿素10千克，或相当养分含量的有机无机复混肥、生物有机肥等；另外，此期气温升高，水分蒸发量较大，应视墒情每5～7天浇一次水，始终保持田间湿润。

生姜植株达5个分枝时，根茎膨大加快，应结合高培土进行大追肥，一般每亩追施三元复合肥（15-15-15）100千克、饼肥50千克，或相当养分含量的有机无机复混肥、生物有机肥等，约30天后每亩再顺水冲施硫酸钾25千克。根茎膨大期应始终保持田间湿润，并加强排水防涝。

7. 中耕培土

生姜植株长至3～5个分枝，撤膜裸露地表后，可通过中耕，进行除草和浅培土。植株进入根茎膨大期后，应结合追肥、浇水进行高培土，将原来植株生长种植沟变为高垄，高培土后还应根据植株生长的情况进行补培，以防姜块露出地面。

8. 病虫防治

采用棉隆、氯化苦、石灰氮等进行土壤消毒，防治姜瘟病、茎基腐病及根结线虫病等土传病害；或选用硫酸铜：生石灰：水=1：1：100的波尔多液浸种，50% 琥胶肥酸铜（DT）可湿性粉剂 500 倍液、用 3% 克菌康可湿性粉剂 600 ～ 800 倍液、77% 多宁可湿性粉剂 400 ～ 600 倍液、50% 瑞毒铜可湿性粉剂 500 倍液、72% 杜邦克露可湿粉剂 1000 倍液灌根，每株灌药液 250 ～ 500 毫升，隔 2 ～ 3 天后再灌一次。

采用频振式杀虫灯诱杀田间害虫成虫；通过叶面喷施 20% 氯虫苯甲酰胺 3 000 倍液、2.5% 氯氰菊酯乳油 2 000 倍液、50% 杀螟丹可湿性粉剂 1 000 倍液等杀灭姜螟；通过清扫姜窖、敌敌畏熏蒸，或喷施阿维菌素等防控贮藏期姜蛆。

9. 采收贮藏

生姜采收应根据栽培模式、栽培目的、市场价格等决定。一般早春促成栽培嫩姜上市采收时间 6 ～ 8 月；用于腌渍加工的嫩姜采收时间 8 ～ 9 月；用于采后贮藏的鲜姜采收时间 10 中下旬；采用秋延迟栽培的鲜姜采收时间 11 上中旬。收获前，先浇小水使土壤充分湿润，将姜株拔出或刨出，轻轻抖掉泥土，然后从地上茎基部以上 2 厘米削去茎秆，摘除根须后，即可入窖或上市。

注意事项

（1）重茬发病地块应在覆盖专用膜前进行土

壤消毒，但必须保证距离生姜播种至少 10 天以上完成，以防残留药剂影响生姜幼芽萌发。

（2）生姜播种时无论采取何种栽培设施，均应保证 5 厘米地温稳定在 10℃以上，以防幼芽受冻腐烂。

（3）生姜设施栽培采取多层薄膜覆盖，生姜专用膜只能覆盖其中的一层。

生姜专用膜与普通膜对比试验

技术提供单位：山东农业大学
技 术 咨 询 人：徐坤、米庆华

韭菜专用膜应用关键技术

技术特点

越夏韭菜专用棚膜为涂覆型或内添加型紫色膜，厚度 0.06 ～ 0.08 毫米，透光率 65% ～ 75%，红橙光和蓝紫光透过比例明显升高。该技术的关键是改变韭菜的栽培模式和收割时间，即夏季通过覆盖韭菜专用棚膜，改善棚内环境，促进生长，改善品质，特别是粗纤维含量明显降低。利用该技术可由原来的春秋，或冬春两季收割，改为春夏秋三季收割，从而保证韭菜周年供应。利用越夏韭菜专用膜，结合肥水管理、病虫害防治等关键技术，可使韭菜产量提高 15% 以上，产品质量显著提高。

应用范围

北方韭菜产区。

关键配套生产技术

1. 拱棚结构

用跨度 1.5 ～ 1.8 米，高度不低于 1.5 米的简易中拱棚，下部留 0.8 米通风口。

2. 品种选择

选择耐热、抗病，优质、高产、适合市场需求的品种。

3. 育　苗

露地育苗一般于春秋两季进行，春季可于 3 月下旬到 5 月下旬播种，秋季 8 月上旬到 9 月下旬进行。设施一年四季均可育苗，以 2—5 月最佳。早春干籽播种；秋季播种前 4 ～ 5 天用 30℃水浸种 24 小时，15 ～ 25℃下催芽，每天用清水淘洗 1 次，当 70% 以上的种子露白时即可播种。播种前先撒施腐熟有机肥 2 ～ 3 立方米，尿素 10 ～ 15 千克 / 亩，噻虫嗪或噻虫胺 5 千克 / 亩，深翻耙平后作宽 1.2 ～ 15 米的平畦。可采用撒播或条播两种方法，撒播时先将畦面浇透水，待水渗下后均匀撒种，覆土 0.5 ～ 1.0 厘米。用种量 7.5 ～ 10 千克 / 亩，可栽 10 亩；条播时按 15 ～ 20 厘米行距开沟，沟深 1.5 ～ 2 厘米，然后均匀撒种，覆土 0.5 ～ 1.0 厘米，轻轻镇压后浇透水。用种量 4 ～ 5 千克 / 亩，可栽 8 亩。

幼苗出齐后 3 ～ 7 天浇 1 次水，保持畦面湿润；苗高 15 厘米左右时结合浇水施尿素 8 ～ 10 千克 / 亩；雨季注意防涝，并中耕除草；立秋后保持土壤含水量60%左右，追施速效氮肥2次，每次10～20千克/亩，10月上旬后逐步减少浇水，不再施肥；4—5月和9—10月注意及时防治灰霉病、疫病、韭蛆等病虫害。株高15～20厘米，具4～6片真叶时定植。

4. 定植或直播

一般于8月上旬至9月下旬定植；秋季育苗于翌年3月下旬至4月上旬定植。定植前施腐熟有机肥4～5立方米/亩，尿素20～25千克/亩，耙平后作宽1.2～1.5米的平畦。然后将幼苗刨出抖去泥土，将已分蘖的幼株掰开后剪叶（留5～7厘米），剪根（留8～10厘米）。按15厘米左右的行距开沟，沟深4～6厘米，按10厘米左右的穴距栽苗，每穴栽6～8株，覆平畦面后浇透水。环境条件适宜时，韭菜也可采用直播。直播前先撒施腐熟有机肥4～5立方米、尿素25～30千克/亩、噻虫嗪或噻虫胺5千克/亩，深翻耙平后作宽1.2～1.5米的平畦；然后按15～20厘米行距开沟，沟深5～8厘米，将沟底荡平后播种，用种量1.5～2千克/亩。播后覆土2～3厘米，稍加镇压后浇水。

5. 定植或直播当年管理技术

①水肥管理：定植后要及时浇定植水，新叶

长出后浇缓苗水促进发根长叶，而后中耕蹲苗。春播（或栽）韭菜雨季排水防涝，防止烂根死秧。8月中旬结合浇水追施豆饼100～150千克/亩，之后每隔7～10天浇1水。9月中旬结合浇水施尿素15～20千克/亩，之后10天左右浇1次水。10月上旬上停止浇水，以防贪青，影响回根。越冬前浇1次冻水。②中耕除草：一般于蹲苗前中耕1次，雨季连续中耕2～3次，及时清除田间杂草。

6. 第二年及其以后管理技术

①露地生长阶段管理：春季当平均气温达0℃左右时，清除地面杂草，并进行剔根、紧撮，施有机肥1～2立方米，培土2～3厘米，浇返青水。之后每收割1次结合浇水追施尿素15～20千克/亩。秋季9月上中旬最后一次收割完成后，施腐熟有机肥2～3立方米/亩，之后10天左右浇1次水。10月上旬停止浇水。越冬前浇1次冻水。②夏季棚内生产阶段管理：于5月中下旬覆膜，转入棚内生产，8月下旬撤除棚膜。③温度管理：在保证土壤湿度（60～70℃）的前提下，及时通风，白天温度控制在28℃以下，夜间20℃以下。若光照过强时适当浇水降温。④肥水管理：每次收割后3～5天，结合浇水追施尿素15～20千克/亩，之后每隔5～10天浇1次水。

8月下旬撤除棚膜转入露地生长阶段。

7. 病虫害防治

韭菜常见主要病害有灰霉病和疫病等，主要虫害有韭蛆、潜叶蝇、蓟马等。选用高抗、多抗品种。通过放风等措施，控制棚内的温、湿度，减少或避免病害发生；增施充分腐熟的有机肥，减少化肥用量。棚内悬挂黄色粘虫板诱杀韭蛆成虫，规格25厘米×40厘米，每亩悬挂30～40块，黄色粘虫板间隔等距离放置，悬挂高度离地面5～10厘米。在拱棚门口和放风口设置40目以上的银灰色防虫网。使用化学农药时，严禁使用剧毒、高毒、高残留农药。严格按照农药安全使用间隔期用药，每种药剂整个生长期内限用1次。

（1）灰霉病：发病初期，用50%嘧菌酯可湿性粉剂1 000～1 500倍液，或40%嘧霉胺悬浮剂1 000～1 200倍液，或40%嘧霉胺悬浮剂1 200倍与50%异菌脲可湿性粉剂1 200倍液混合液，或50%异菌脲可湿性粉剂800倍液，或50%腐霉利可湿性粉剂800倍液，喷雾防治；也可在夜间用10%腐霉利烟剂棚内熏蒸，每亩用260～300克，分散点燃。

（2）疫病：发病初期，可用18.7%烯酰·吡唑酯水分散粒剂600～800倍液，或72%霜脲·锰锌可湿性粉剂 600 ～ 800 倍液，或 80% 的代森锰锌可湿性粉剂 600 ～ 800 倍液，或用 60% 吡唑醚菌酯水分散粒剂 1 000 ～ 1 500 倍，喷雾防治。

（3）韭蛆：可用 25% 噻虫嗪或噻虫胺水分散粒剂 2 500 ～ 3 000 倍液，或 10% 吡虫啉可湿性粉剂 1 000 倍液，或 40% 辛硫磷乳油 1 000 倍液，喷撒韭菜茎基部，30 分钟后浇水。也可用 30% 吡虫啉烟剂，或 20% 异丙威烟剂熏杀。

（4）潜叶蝇、蓟马：可用 25% 噻虫嗪水分散粒剂 2 500 ～ 3 000 倍液，或 10% 吡虫啉可湿性粉剂 1 000 倍液，或 25% 噻嗪酮可湿性粉剂 1 500 倍液，喷雾防治，注意叶背面。也可用 30% 吡虫啉烟剂，或 20% 异丙威烟剂熏杀。

注意事项

（1）只覆盖通风口以上部分，0.8 米以下不覆盖。

（2）注意慎用含硫烟熏剂，以免影响膜的功能与寿命。

技术提供单位：山东农业大学

技 术 咨 询 人：艾希珍、李清明、米庆华

芹菜专用膜应用关键技术

技术特点

越夏芹菜专用棚膜为涂覆型或内添加型红色膜，厚度0.06～0.08毫米，透光率70%～80%，红橙光透过比例明显升高。该技术的关键是通过覆盖芹菜专用棚膜，改善棚内环境，促进生长，改善品质，特别是粗纤维含量明显降低。利用该技术可明显减轻病虫为害，改善越夏芹菜产品品质，产量提高15%以上。

应用范围

北方芹菜产区。

关键配套生产技术

1. 拱棚结构

用跨度1.5～1.8米，高度不低于1.5米的简易中拱棚，下部留0.8～1米通风口。

2. 品种选择

选择耐热、抗病，优质、高产、适合市场需求的品种。

3. 育　苗

一般于3月下旬到4月上旬在大（小）拱棚内育苗。耕深20～30厘米，撒施腐熟有机肥2～3立方米，三元复合肥（15-15-15）20～25千克/亩，深翻耙平后作宽1.2～15米的平畦，或宽1.2米、高20厘米的高畦。选择隔年的种子，晾晒3～4小时，用55℃温水中浸种，水温自然冷却至室温后浸泡18～24小时，白天18～24℃，夜间4～6℃（冰箱冷藏室）变温条件下催芽，每天用清水淘洗1次，当70%以上的种子露白时即可播种。播种前将育苗床浇透水，待水渗下后均匀撒种，覆土0.5～1.0厘米。喷洒50%多菌灵500倍液，用地膜覆盖畦面保湿。播种后保持苗床气温白天20～24℃、夜间15～18℃，5～7天可出苗。幼苗出土后及时撤去地膜，白天将温度控制在18～22℃，夜间12～16℃。幼苗出齐后每隔5～7天浇一次水，保持空气湿度在75%～85%。幼苗长至2～3片真叶时，及时间苗。株高10～15厘米，具5～6片叶时定植。

4. 5月上中旬定植

定植前每亩撒施优质腐熟的鸡粪3～5立方米，氮磷钾三元复合肥（15-15-15）40～50千克。

深翻25～30厘米，耙平后作成1.2～1.5米宽的畦。刨出幼苗，将主根于4厘米左右剪断，按15厘米行距开沟，10厘米株距放苗，覆平畦面后浇透水。

5. 田间管理

（1）温光管理：从定植到缓苗白大温度控制在18～24℃，夜间13～18℃。6月后尽量增加通风时间和通风量，白天温度控制在26℃以下，夜间20℃以下，光照过强、温度过高时适当浇水降温。

（2）肥水管理：定植后浇透水，缓苗后每隔7天左右浇一次水，一般选在早晚阴凉时浇水。缓苗后，结合浇水追肥1次，每亩施尿素15千克左右。旺盛生长初期，每亩施氮磷钾三元复合肥（15-15-15）25～30千克，植株封行后随水冲施尿素15千克/亩。

6. 病虫害防治

芹菜常见主要病害有病毒病、软腐病、斑枯病、叶斑病、疫病等，主要虫害有蚜虫、斑潜蝇等。

选用抗病、抗逆、耐热、适应性强的优良品种，选择2年内未种过伞形科蔬菜的田块种植。棚内悬挂黄色粘虫板诱杀蚜虫、斑潜蝇等害虫，规格25厘米×40厘米，每亩悬挂30～40块，悬挂高度与植株顶部持平或高出10厘米。在大棚门口和放风口设置40目以上的银灰色网。

严禁施用剧毒、高毒、高残留农药，严格按照农药安全使用间隔期用药，每种药剂整个生长期内限用1次。

（1）病毒病：发病初期，用1.5%植病灵600倍液，或5%菌毒清水剂200～300倍液，或4%胞嘧啶核苷肽水剂500～700倍液，或用3%三氮唑核苷可湿性粉剂600～800倍液喷雾防治。

（2）软腐病：可用72%农用链霉素3 000～4 000倍液，或72%新植霉素4 000倍液喷雾防治。

（3）斑枯病、叶斑病：发病初期，可用50%嘧菌酯可湿性粉剂1 000～1 500倍液，或40%嘧霉胺悬浮剂1 000～1 200倍液，或72%农用链霉素3 000～4 000倍液，或77%可杀得500倍液，喷雾防治。

（4）疫病：发病初期，可用18.7%烯酰·吡唑酯水分散粒剂600～800倍液，或72%霜脲·锰锌可湿性粉剂600～800倍液，或80%的代森锰锌可湿性粉剂600～800倍液，或用60%吡唑醚菌酯水分散粒剂1 000～1 500倍液，喷雾防治。

（5）蚜虫、斑潜蝇：可用25%噻虫嗪水分散粒剂 2 500 ～ 3 000 倍液，或 10% 吡虫啉可湿性粉剂 1 000 倍液，或 25% 噻嗪酮可湿性粉剂 1 500 倍液，喷雾防治，注意叶背面。也可用 30% 吡虫啉烟剂，或 20% 异丙威烟剂熏杀。

注意事项

（1）只覆盖通风口以上部分，1 米以下不覆盖。

（2）注意慎用含硫烟熏剂，以免影响膜的功能与寿命。

技术提供单位：山东农业大学
技术咨询人：艾希珍、李清明、米庆华

菠菜专用膜应用关键技术

技术特点

越夏菠菜专用棚膜为红色，厚度 0.06 ～ 0.08 毫米，透光率 65% ～ 70%，红橙光透过比例明显升高。该技术的关键是通过覆盖越夏菠菜专用膜和遮阳网，改善棚内环境，促使菠菜在炎热的夏季正常生长。

应用范围

北方菠菜产区。

关键配套生产技术

1. 拱棚结构

用跨度 1.5 ～ 1.8 米，高度不低于 1.5 米的简易中拱棚，下部留 0.8 ～ 1 米通风口，通风口加装防虫网。

2. 遮阳网覆盖

气温超过 28℃以上可根据情况增设不同遮光率的紫色遮阳网外遮阴降温。

3. 品种选择

选择耐热、抗病，优质、高产品种。

4. 种子处理

用10%磷酸三钠溶液浸种10分钟，或用50%多菌灵可湿性粉剂500倍液浸种2小时，或用300倍福尔马林溶液浸种30分钟，然后用15～20℃凉水浸泡12小时左右，白天15～20℃、夜间4～6℃变温条件下催芽，每天用清水淘洗1次，当70%以上的种子露白时即可播种。

5. 整地施基肥

每亩撒施优质腐熟的有机肥3～5立方米，氮磷钾三元复合肥20～30千克，尿素10千克，还可施入1.5千克锌肥、0.7千克硼肥作基肥。深翻25～30厘米，整平、作宽1.2～1.5米的平畦。

6. 播　种

越夏菠菜适宜播期为5月下旬至6月上中旬。播种前浇透底水，待水渗下后均匀撒种，播种量4～5千克/亩。随后覆土1～2厘米。

7. 田间管理

（1）温光管理：从播种到出苗，白天温度控制在18～26℃，夜间15～18℃。6月后注意增加通风时间和通风量，白天温度控制在28℃以下，夜间20℃以下，光照过强、温度过高时可适当浇水降温，或覆盖遮阳网遮阴降温。

（2）肥水管理：出苗前尽量不浇水，以免土壤板结或浇水时冲掉覆土，影响出苗。幼苗出齐后每隔5天左右浇一次水，一般选早晚阴凉时浇水。苗高10厘米左右时，结合浇水追施尿素15～20千克/亩。株高达20厘米左右时，每亩施氮磷钾三元复合肥（15-15-15）25～30千克。

8. 病虫害防治

选用无病虫种子及抗病优良品种；棚内悬挂黄色粘虫板诱杀蚜虫、斑潜蝇等害虫，规格25厘米×40厘米，每亩悬挂30～40块，悬挂高度与植株顶部持平或高出10厘米。在大棚门口和放风口设置40目以上的银灰色防虫网。

严禁使用剧毒、高毒、高残留农药。严格按照农药安全使用间隔期用药，每种药剂整个生长期内限用1次。

（1）病毒病：发病初期，用1.5%植病灵600倍液，或5%菌毒清水剂200～300倍液，或4%胞嘧啶核苷肽水剂500～700倍液，或用3%三氮唑核苷可湿性粉剂600～800倍液喷雾防治。

（2）霜霉病：可用25%嘧菌酯悬浮剂1 500

倍液，或68.5%氟吡菌胺·霜霉威盐酸悬浮液1 000～1 500倍液，或52.5%噁酮·霜脲氰水分散粒剂2 000倍液喷雾防治。

（3）蚜虫、斑潜蝇：可用25%噻虫嗪水分散粒剂2 500～3 000倍液，或10%吡虫啉可湿性粉剂1 000倍液，或25%噻嗪酮可湿性粉剂1 500倍液，喷雾防治，注意叶背面。也可用30%吡虫啉烟剂，或20%异丙威烟剂熏杀。

（4）菜青虫、小菜蛾、甜菜夜蛾：可用2.5%多杀霉素悬浮剂1 000～1 500倍液，或48%毒死蜱乳油1 000倍液，或20%虫酰肼悬浮剂1 000～1 500倍液，喷雾防治。

注意事项

（1）只覆盖通风口以上部分，1米以下不覆盖。

（2）晴天的上午9时至下午4时的高温时段，将拱棚用遮阳网遮盖防止强光直射，在阴雨天或晴天上午9时以前和下午4时以后光线弱时，将遮阳网卷起来，这样既可防止强光高温又可让菠菜见到充足的阳光。有条件的可在温度较高时进行喷灌辅助降温。

（3）注意慎用含硫烟熏剂，以免影响膜的功能与寿命。

技术提供单位：山东农业大学
技 术 咨 询 人：李清明、艾希珍、米庆华

叶用莴苣专用膜应用关键技术

技术特点

越夏叶用莴苣专用棚膜为涂覆型或内添加型红色膜，厚度0.06～0.08毫米，透光率60%左右，红橙光透过比例明显升高。该技术的关键是通过覆盖专用棚膜，改良棚内环境，促使叶用莴苣在炎热的夏季正常生长，且改善品质。

应用范围

我国叶用莴苣产区。

关键配套生产技术

1. 拱棚结构

用跨度1.5～1.8米，高度不低于1.5米的简易中拱棚，下部留0.8～1米通风口，通风口加装防虫网。

2. 遮阳网覆盖

气温超过28℃以上可根据情况增设不同遮光率的紫色遮阳网外遮阴降温。

3. 品种选择

选择耐热性强、不易抽薹的高产品种。

4. 育　苗

一般于4月上中旬在大（小）拱棚内育苗。耕深20～30厘米，撒施腐熟有机肥2～3立方米，氮磷钾复合肥（15-15-15）20～25千克/亩，深翻耙平后做宽1.2～15米的平畦。常温下用10%磷酸三钠溶液浸种10分钟，或用50%多菌灵可湿性粉剂500倍液浸种2小时，或用300倍福尔马林溶液浸种30分钟。然后用20℃冷水中浸种6～8小时，15～20℃下催芽，每天用清水淘洗1次，当30%以上的种子露白时即可播种。

播种前将育苗床浇透水，待水渗下后均匀撒种，用种量2.5～3克/平方米，然后覆盖地膜保湿。播种后保持苗床气温白天20～24℃，夜间15～18℃，3～4天可出苗。幼苗出土后及时撤去地膜，白天将温度控制在18～22℃，夜间12～16℃。幼苗出齐后每隔5～7天浇一次水，保持空气湿度在75%～85%。幼苗长至2～3片真叶时，及时间苗。株高10～15厘米，具3～4片叶时定植。

5. 定　植

一般于5月上中旬定植。定植前每亩撒施优

质腐熟的鸡粪2～3立方米，氮磷钾三元复合肥（15-15-15）20～25千克。深翻25～30厘米，耙平后做成1.2～1.5米宽的畦。按（20～25）厘米×（20～25）厘米的株行距挖穴，栽苗，覆平畦面后浇透水。

6. 田间管理

（1）温光管理：从定植到缓苗白天温度控制在18～26℃，夜间15～18℃。6月后尽量增加通风时间和通风量，白天温度控制在28℃以下，夜间20℃以下，光照过强、温度过高时适当浇水降温。

（2）肥水管理：定植后浇透水，缓苗后一般每5～7天浇一次水，缓苗后，结合浇水追肥1次，每亩施尿素15千克左右。旺盛生长初期，每亩施氮磷钾三元复合肥（15-15-15）15～20千克。

7. 病虫害防治

叶用莴苣常见主要病害有立枯病、猝倒病、软腐病、菌核病、霜霉病等，主要虫害有蚜虫、菜青虫、小菜蛾等。

根选用抗病、抗逆、耐热、适应性强的优良品种，选择2年内未种过菊科蔬菜的田块种植。加强苗床管理，培育适龄壮苗；增施充分腐熟的有机肥，减少化肥用量；及时清除前茬作物残株；

生长后期摘除病叶，拔除病株，并集中进行无害化销毁。棚内悬挂黄色粘虫板诱杀蚜虫。规格25厘米×40厘米，每亩悬挂30～40块，黄色粘虫板悬挂高度与植株顶部持平或高出10厘米。在大棚门口和放风口设置40目以上的银灰色防虫网。

严禁使用剧毒、高毒、高残留农药。严格按照农药安全使用间隔期用药，每种药剂整个生长期内限用1次。

（1）立枯病、猝倒病：土壤消毒或避免使用老菜园土；防止苗床过湿、温度过高或过低；播种前用少量64%杀毒矾拌种。

（2）软腐病：可用72%农用链霉素3 000～4 000倍液，或72%新植霉素4 000倍液喷雾防治。

（3）菌核病：发病初期可喷50%速克灵或50%扑海因1 000～2 000倍液，50%多菌灵500倍液，40%菌核净1 000倍液，喷药时着重喷洒植株茎基部、老叶和地面，每隔5～7天喷一次，连续喷3～4次。

（4）霜霉病：可用25%嘧菌酯悬浮剂1 500倍液，或68.5%氟吡菌胺·霜霉威盐酸悬浮液1 000～1 500倍液，或52.5%噁酮·霜脲氰水分散粒剂2 000倍液喷雾防治。

（5）蚜虫：可用25%噻虫嗪水分散粒剂

2 500～3 000倍液，或10%吡虫啉可湿性粉剂1 000倍液，或25%噻嗪酮可湿性粉剂1 500倍液，喷雾防治，注意叶背面。也可用30%吡虫啉烟剂，或20%异丙威烟剂熏杀。

（6）菜青虫、小菜蛾：可用2.5%多杀霉素悬浮剂1 000～1 500倍液，或48%毒死蜱乳油1 000倍液，或20%虫酰肼悬浮剂1 000～1 500倍液，喷雾防治。

注意事项

（1）只覆盖通风口以上部分，1米以下不覆盖。

（2）在晴天的上午9时至下午4时的高温时段，将温室、大棚用遮阳网遮盖防止强光直射，在阴雨天或晴天上午9时以前和下午4时以后光线弱时，将遮阳网卷起来。有条件的可在温度较高时进行喷灌辅助降温。

（3）注意慎用含硫烟熏剂，以免影响膜的功能与寿命。

技术提供单位：山东农业大学
技 术 咨 询 人：李清明、艾希珍、米庆华

第四章
功能性地膜应用技术

本章技术提供单位：山东农业大学
技 术 咨 询 人：米庆华、宁堂原

长寿透明地膜应用技术

技术特点

长寿透明地膜覆盖的主要作用是增温、保墒。春季低温期间10厘米地温可提高1～6℃。由于薄膜的气密性强，地膜覆盖后能显著地减少土壤水分蒸发，使土壤湿度稳定，并能长期保持湿润，有利于根系生长。在较干旱的情况下，0～25厘米深的土层中土壤含水量一般比露地高50%以上。该膜幅宽70～300厘米，厚度0.010毫米，透光率90%以上。应根据不同作物对覆盖有效面积要求，确定幅宽。地膜质量达到纵横拉力强，有弹性，抗机械损伤。

应用范围

适用于越冬和早春增温保湿栽培，也适应于以减少蒸发、保持土壤水分为主要目标的节水高产栽培。

关键技术

地膜覆盖的方式依当地自然条件、作物种类、生产季节及栽培习惯不同而异。

1. 平畦覆盖

畦面平，有畦埂，畦宽100～200厘米，畦长依地块而定。播种后或定植前将地膜平铺畦面，四周用土压紧，或是短期内临时性覆盖。覆盖时省工、容易浇水，但浇水后易造成畦面淤泥污染。广泛应用各类农作物。

2. 高垄覆盖

垄底宽50～85厘米，垄面宽30～50厘米，垄高15～25厘米。地膜覆盖于垄面上。每垄种植单行或双行作物。高垄覆盖受光较好，地温容易升高，也便于浇水，但旱区垄高不宜超过15厘米。

3. 高畦覆盖

畦面高出地平面10～15厘米，畦宽80～150厘米。地膜平铺在高畦的面上。适用于地下水位高或多雨地区。高畦增温效果较好，有利于排水防涝。

4. 沟畦覆盖

将畦做成50厘米左右宽的沟，沟深15～20厘米，把育成的苗定植在沟内，然后在沟上覆盖地膜，当幼苗生长顶着地膜时，在苗的顶部将地膜割成十字，称为割口放风。晚霜过后，苗自破口处伸出膜外生长，待苗长高时再把地膜划破，使其落地，覆盖于根部。如此可提早定植 7 ～ 10 天，保护幼苗不受晚霜危害，起到既保苗又护根的作用，而达到早熟、增产增加收益的效果。

5. 沟种坡覆

在地面上开出深 40 厘米、上方宽 60 ～ 80 厘米的坡形沟，两沟相距 2 ～ 5 米。沟内两侧随坡覆 70 ～ 75 厘米宽的地膜，在沟两侧种植作物。

6. 穴坑覆盖

在平畦、高畦或高垄的畦面上用打眼器打成穴坑，穴深 10 厘米左右，直径 10 ～ 15 厘米，空内播种或定植作物，株行距按作物要求而定然后在穴顶上覆盖地膜，等苗顶膜后割口放风。

注意事项

（1）根据不同地区及作物要求，选择适宜规格的地膜。

（2）地膜应回收利用，减少农田污染。

黑色地膜应用技术

技术特点

黑色地膜是在聚乙烯树酯中加入炭黑母粒吹塑而成，具有除草、保湿、调温等作用，适于杂草丛生地块和高温季节栽培的蔬菜及果园，特别适宜于夏秋季节的防高温栽培。该膜幅宽70～300厘米，厚度0.010毫米，透光率小于20%，质量达到国家标准。

应用范围

适于作物防草和防高温栽培。

关键技术

应根据不同作物栽培需求，确定规格。精细整地，地面平整。播种期一般比露地栽培早10～15天。以先播种后覆膜为主，也可先覆膜打孔播种。高标准、高质量覆膜，覆盖后灌压膜水，膜上尽量少压土，保持膜面整洁，创造良好增温条件。放苗掩严围苗土，出现破膜及时用土盖严。

注意事项

（1）根据不同地区及作物要求，选择适宜规格的地膜。

（2）使用黑色地膜时，不再使用除草剂。

银色地膜应用技术

技术特点

银色地膜可抑制杂草的生长，银色地膜的增温效果介于透明地膜与黑色地膜之间；具有明显的驱避蚜虫的作用，降低病毒病的发生。该膜幅宽 70 ～ 300 厘米，厚度 0.008 毫米，透光率 30% ～ 50%，质量达到国家标准。

应用范围

作物夏秋季地面覆盖栽培。

关键技术

在蔬菜、瓜果、棉花及烟草等夏秋季作物栽培时，根据作物的需要选择适宜的地膜宽度，按照作物要求进行地膜覆盖栽培。

该膜已在棉花上应用。其技术要求为：在造墒基础上，精细平整土地。播前每亩施优质有机肥 2 ～ 3 立方米、过磷酸钙 60 千克、尿素 20 千克、氯化钾 15 千克，为棉花增产打基础；播种前喷洒除草剂，以防杂草为害破坏覆膜效果。覆膜棉花采用大小行种植，大行行距60厘米，小行行距40厘米，使用90厘米宽幅膜覆盖在大行上，棉花播种覆膜机进行播种覆膜一体化作业。常规田间管理。或者采用140厘米宽膜覆盖，每幅膜种4行棉花。行距为30厘米+55厘米+30厘米，接行60厘米，株距13厘米。常规田间管理。

注意事项

（1）根据不同地区及作物要求，选择适宜规格的地膜。

（2）不宜用于越冬和早春栽培作物。

（3）在杂草较重的区域，应在喷除草剂后再覆膜。

黑白双色地膜应用技术

技术特点

黑白双色地膜透光率低，可有效抑制杂草，降低土壤温度，减缓因后期土壤温度过高而造成的根系早衰，有利于后期作物产量形成。该膜幅宽 70 ～ 300 厘米，厚度 0.010 毫米，透光率小于 10%，地膜质量达到国家标准。

应用范围

夏秋季蔬菜、瓜果等作物。

关键技术

根据作物的需要选择适宜的地膜宽度，按照作物要求进行地膜覆盖栽培。

注意事项

（1）根据不同地区及作物要求，选择适宜规格的地膜。

（2）不宜用于越冬和早春栽培作物。

（3）白色面向上。

配色地膜应用技术

技术特点

现在使用的配色地膜主要是由黑色条带和无色条带组成的多条带地膜。其中，黑色条带有除草效果，并可以适当降低膜下温度；而无色条带则具有升温快、土壤温度高等优点。常用的配色地膜多为三条带或五条带组成。

应用范围

早春或秋季马铃薯、玉米、花生、蔬菜、果树、棉花及烟草等作物的栽培。

关键技术

幅宽 70 ～ 300 厘米，厚度 0.010 毫米，无色部分透光率＞ 90%，黑色部分透光率＜ 20%，地膜质量达到国家标准。根据作物的需要选择适宜的地膜规格，按照作物要求进行地膜覆盖栽培。目前已在花生、马铃薯和烟草等作物上得到广泛应用。

1. 花生配色地膜覆盖栽培技术要点

先按照生产要求整地起垄，垄面宽 50 厘米，两垄中心距 100 厘米。适期适墒播种。每垄上播 2 行，小行距 25 厘米，穴距 16 厘米，密度为 8 000 ～ 10 000 穴 / 亩，每穴 2 粒。起垄前每亩均匀撒施三元复合肥 40 千克左右，整个生育期间一般不浇水。播种后，覆盖地膜。配色地膜选择三条带地膜，膜宽 90 厘米。中间条带为无色，宽度以 30 厘米为宜 (保证两行花生均种在无色条带下，以提高地温，保障早出苗)，两侧均为宽度为 30 厘米的黑色条带，无色条带要与垄向平行并盖在花生种子的正上方。

花生配色地膜覆盖栽培

2. 马铃薯配色地膜覆盖栽培技术要点

单垄单行栽培宜选择宽度为70厘米的配色地膜，中间条带为无色，无色条带宽度为20～25厘米。单垄双行栽培宜选择宽度为90厘米、条带宽度25厘米—13厘米—14厘米—13厘米—25厘米的五条带地膜，其中13厘米条带为无色条带，其余条带为黑色条带，马铃薯种植在无色条带下。单薯块点播，同步施肥，铺设滴灌带（每垄中间放1条），覆膜，不用除草剂。薯块播种前采用杀虫剂与杀菌剂处理。其他管理参照马铃薯高产栽培技术。

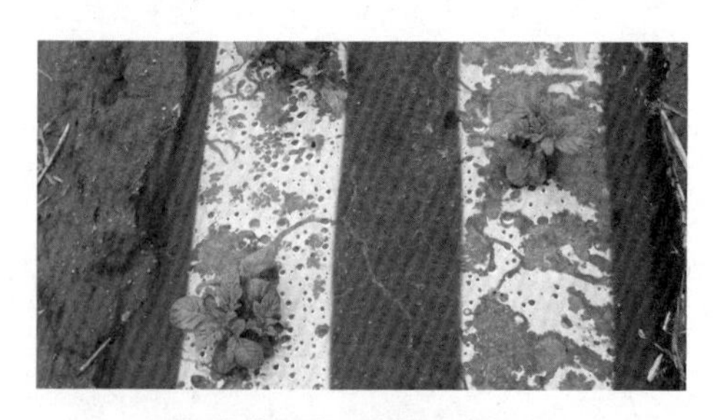

马铃薯配色地膜覆盖栽培

3. 烟草配色地膜覆盖栽培技术要点

提前育苗，适期移栽。先起垄，垄中间开沟

移栽烟苗；移栽后，立即覆盖中间条带为黑色、两侧为无色的三条带配色地膜。烟苗栽植在黑色条带下，可减少烧苗、提高成活率、保证移栽质量；两侧的无色条带有利于提高膜下温度。中间黑色条带的宽度以20～30厘米为宜。

烟草配色地膜覆盖栽培

注意事项

（1）根据不同地区及作物要求，选择适宜规格的地膜。

（2）该地膜不宜用于越冬栽培作物。

银黑双色地膜应用技术

技术特点

银黑双色地膜是采用双层共挤技术，在聚乙烯原料中，一层加入含铝的银灰色母粒，一层加入炭黑母粒，经挤出吹塑而成，厚度 0.01 ～ 0.02 毫米。银黑双色地膜透光率在 10% 以下，具有保墒、反光、驱避蚜虫、降低地温等功能。主要用于夏秋季高温期间降温、防蚜、防病栽培。幅宽 70 ～ 300 厘米，地膜质量达到国家标准。

应用范围

用于夏秋季节园艺作物覆盖栽培。

关键技术

根据作物的需要选择适宜的地膜宽度，按照作物要求进行地膜覆盖栽培。

目前，该地膜在果园覆盖防草补光等方面应用较广泛。覆膜时间以春季较好，趁地温回升、雨后追肥或浇水以后及时覆膜。一般覆膜时间不能迟于 5 月底，以便能够更好地发挥覆膜的效果。

覆盖方法主要有3种：全园覆盖、株间覆盖、树盘覆盖。其中，全园覆盖是用银黑双色地膜按树冠大小铺满，直到树干基部；株间覆盖是在树干的两侧、按树冠的长度覆盖地膜，宽度90～120厘米；树盘覆盖仅将该膜覆盖在树盘周围。该膜在管理细致的情况下可保持1～2年再进行更换。

注意事项

（1）根据不同地区及作物要求，选择适宜规格的地膜。

（2）注意果树树干周围空开一定的距离，并用土压实，防止膜下热气烧伤树干。

（3）地膜覆盖时，银灰面向上。

透明防菌地膜应用技术

技术特点

透明防菌地膜是在聚乙烯树脂加入一定量的银粉、辣椒粉、花椒粉等抑菌材料，对微生物具有抑制作用的农用地膜。幅宽 70 ～ 300 厘米，厚度 0.010 毫米，透光率 75% 以上，地膜强度达到普通地膜国家标准要求。

应用范围

早春或秋季蔬菜和瓜果等高值作物栽培。

关键技术

根据作物的需要选择适宜的地膜宽度，按照作物要求进行地膜覆盖栽培。

该膜已在绿菜花上进行了试验示范，其关键技术是：在造墒基础上，精细平整土地。肥料施用和田间管理按照高产管理进行。每亩施复合肥 50 千克（$N : P_2O_5 : K_2O = 12 : 13 : 20$）作基肥，开花期追施蔬菜专用冲施肥 20 千克。起垄栽培，垄宽 40 厘米，垄高 25 厘米，每垄种植 1 行，行距65厘米，株距40厘米。采用育苗移栽。移栽前将70厘米的透明防菌地膜覆盖在垄上，然后按照行株距打孔移栽绿菜花。

注意事项

（1）根据不同地区及作物要求，选择适宜规格的地膜。

（2）透明防菌地膜防菌功能有一定的保质期，应在保质期内使用。

生物降解地膜应用技术

技术特点

生物降解地膜在地表暴晒和地下填埋时均可完全降解，最终降解产物为二氧化碳和水。降解地膜开始降解的表观特征是出现小孔或开裂，力学性能是伸长率下降。降解地膜在具有增温、保水、保肥、改善土壤理化性质的前提下，可避免土壤污染。降解地膜分为均一型和条带型。均一型降解地膜由同一降解配方制作而成；而条带型降解地膜由降解配方不同的多个条带组成，一般为3条带。幅宽70～250厘米，厚度0.008～0.015毫米。

应用范围

地膜难以回收地块或高值作物有机栽培。

关键技术

根据作物的需要选择适宜的地膜宽度，按照作物要求进行地膜覆盖栽培。目前已在大蒜、花生进行了试验示范，其技术要求如下。

1. 大蒜降解地膜（均一型）覆盖栽培技术要点

先按照生产要求整地。大蒜要适期晚播，错开前期的高温，一方面可以使降解地膜维持功能期，另一方面可以减轻病虫害。山东地区一般以10月10日左右播种为宜。行距18厘米左右，株距15厘米左右。大蒜选用高产抗病品种，其他管理措施按当地高产地膜大蒜管理规程进行。播种后，喷施大蒜专用除草剂，然后覆盖地膜。降解地膜选择均一型，膜宽根据畦宽选择。降解膜要求全生育期无明显降解，或者仅收获前20天内有点状降解，否则不能满足大蒜对温度的要求，造成减产。

2. 花生降解地膜（条带型）覆盖栽培技术要点

先按照生产要求整地起垄，垄面宽50厘米，两垄中心距100厘米。适期适墒播种。每垄播2行，小行距25厘米，穴距16厘米，密度为8 000～10 000穴/亩，每穴2粒。起垄前每亩均匀撒施三元复合肥40千克，整个生育期间一般不浇水。播种后覆盖地膜。降解地膜选择三条带地膜，膜宽90厘米。中间条带为短寿命降解条带(降解期以60～80天为宜)，宽度以30厘米为宜，两侧均为宽度为30厘米的长寿命降解条带(以生育期不降解或刚开始降解为宜)。

注意事项

（1）选择适合作物降解期要求的地膜。

（2）地膜要盖严、压实，防止风吹撕裂。

（3）生物降解地膜有一定的保质期，应在保质期内使用。

第五章

农膜生产加工与鉴别新方法

本章技术提供单位：山东农业大学

技 术 咨 询 人：米庆华、韩宾

农膜的生产工艺

农膜生产一般要经过母粒制作、原料混合与塑化、加工成膜3个主要步骤。

母粒制作

1. 基础树脂母粒制作

农膜的主要生产原料是树脂。为改善加工性能和提高产品性能，通常选用不同种类的树脂原料混合使用，如低密度聚乙烯、线性低密度聚乙烯、茂金属聚乙烯共混，或聚己二酸/对苯二甲酸丁二酯、聚碳酸酯等可降解材料共混等。

大多数情况下基础树脂原料的混合方法一般有搅拌混合、捏合和塑炼等，实际加工过程中需要根据树脂的形态、性质和混合要求进行选择。树脂原料混合所使用的机械包括高速（简易）搅拌混合机、冷混机、两辊塑炼机、连续混炼机等。经过混合、塑炼的树脂原料，通过双（单）螺杆设备挤出造粒，形成农膜生产的原料——基础树脂母粒。

2. 功能性母粒的制作

功能性农膜生产中需添加的功能性助剂种类、品种较多，理化性质差异较大，直接混合到原料树脂中难以达到预期的均匀程度，因此生产上选用预制功能母粒的方式进行添加。功能性母粒以功能性助剂、分散剂和载体树脂为原料，经过分散、混合、塑化造粒（类似于基础树脂母粒）制成。制成功能性母粒后，理化性状变得比较均匀，有利于在加工成膜时与基础树脂充分混匀，保证农膜制品性能的均匀、稳定。

原料混合与塑化

将基础树脂（母粒）和功能性母粒按照配方比例进行混合，送入农膜加工设备，充分混匀并塑化成熔融状态，挤送至模头。

加工成膜

根据农膜加工机械工作原理不同，成膜方法分为挤出吹塑成膜、压延成膜或流涎成膜等。

1. 挤出吹塑成型制膜

挤出吹塑成型又称吹塑，是指原料经过挤塑机加热、熔融塑化，螺杆挤压输送到模头吹塑成型的方法。由环形模头挤出的筒状熔体内部由于吹入压缩空气而膨胀（类似“吹气球”），通过控制吹入空气的压力使筒状熔体膨胀到目标规格尺寸时冷却定型成膜。这种制膜方法是目前农膜生产中最常用的方法。

在挤塑机中，通过料筒外部加热及物料内摩擦生热，使进入挤塑机中的塑料熔融。在旋转螺杆的挤压推动下由一环型模头挤出而成为一管状熔体。该管状熔体立即被模头外侧风环送出的空气吹胀后冷却，使熔体膨胀为一个“膜泡”。

按照薄膜的牵引方向，吹塑生产工艺可以分为上吹法、平吹法和下吹法。农膜生产中主要采用上吹法，“膜泡”运动方向与冷却空气运动方向一致，便于设备的紧凑布局。

2. 压延拉伸成型制膜

压延拉伸成型制膜是指用压延机上的几根转动的高温辊筒，把塑料的熔融料辗压成薄而宽、其长度可无限延长的薄膜，同时侧向拉伸增加膜的宽度。聚氯乙烯、聚乙烯等均可用压延法制造薄膜，目前生产中采用压延拉伸法制作的主要为聚氯乙烯棚膜。

生产过程中采用各种混合机械（如高速混合机、密炼机、双辊混炼机或挤出机），将树脂与各种助剂或功能母粒混合均匀，混合好的塑料团或熔体通过喂料机输送给压延机。由于压延机相邻辊筒的转速不同，塑料在两辊筒缝隙中受到一种挤压作用，变成薄膜，贴在辊子上进入渐变辊隙，同时通过侧面拉伸，最后经冷却、卷曲，获得一种连续长度的薄膜。辊筒内部可以根据需要而进行加热。薄膜的厚度由最后一对辊筒的辊隙和侧面拉伸度决定。

3. 流涎成型制膜

流涎成型制膜分为溶液流涎法和熔融流涎法。在农用塑料薄膜生产中不常使用。

如何辨别与检验农膜类型

目前农膜市场上销售的农膜种类十分丰富，为鉴别其类型可采用实验室专用设备进行鉴别，或采用简易方法通过感官指标简单予以区分，现重点介绍聚乙烯、聚氯乙烯、乙烯—醋酸乙烯共聚物农膜的简易鉴别方法。

普通聚乙烯农膜

普通聚乙烯农膜一般由线性低密度聚乙烯（英文缩写 LLDPE）和低密度聚乙烯（英文缩写 LDPE）原料生产，透明性较好，透光率较高（标准棚膜、地膜透光率大于 85%），表面光滑，冬天使用后握起来手感偏硬。用酒精灯或一次性打火机点燃后，聚乙烯农膜火焰呈黄色，可连续燃烧。由于其比重较轻，放入水中可浮于水面。

聚氯乙烯农膜

聚氯乙烯农膜由聚氯乙烯为原料（英文缩写 PVC），透明性较好，但透光率略低于聚乙烯农膜（标准棚膜透光率大于 88%）。手感柔软，夏秋季用手触摸其表面有黏涩感。用酒精灯或一次性打火机点燃后，聚氯乙烯农膜火焰呈绿色，无法连续燃烧，离开火源聚氯乙烯农膜火焰即熄灭。由于其比重较重，放入水中下沉。

乙烯—醋酸乙烯共聚物农膜

乙烯—醋酸乙烯共聚物农膜以乙烯—醋酸乙烯共聚物（EVA）为原料，标准中要求其醋酸乙烯（VA）含量应当大于4.5%，手感柔软，透明性较好，透光率较高，可达90%以上。用酒精灯或一次性打火机点燃后，乙烯—醋酸乙烯共聚物农膜火焰呈黄色，可连续燃烧，有醋酸气味。剪下一条同样厚度的乙烯—醋酸乙烯共聚物农膜用手拉伸，其伸长率可比普通聚乙烯农膜大30%以上。此外，乙烯—醋酸乙烯共聚物农膜比重小于水，可漂浮于水面。

影响农膜正常使用的主要因素

农膜使用过程中，在光、热、机械、化学药品、微生物等的综合作用下，往往会由软变硬变脆，透光性能下降，功能性减弱，颜色也渐渐由本色逐渐退化，这种现象称为塑料薄膜的“老化”。农膜耐老化性能越好，使用寿命也越长。虽然农膜耐老化性能主要决定于生产配方和加工成型技术，但同样的农膜，在相似的气候环境中，由于使用和养护方法的不同，耐老化的时间也不一样。因此正确使用和妥善养护是延长农膜使用寿命和功能期的两个重要环节。

选择适宜的农膜种类

前文对各种新型棚膜、地膜均进行了介绍，每种农膜均有特定的功能和适宜的使用范围，没有一种农膜是“万用膜”。因此在适宜的棚型、适宜的覆盖作物上选择正确的农膜对能否节本增效、增产提质至关重要。

延长农膜使用寿命的关键因素

（1）使用功能性棚膜覆盖时，拱架要尽量光滑，材料要软硬适中；固定拱架时，在拱架与棚膜接触面不要使用铁丝，应该用麻绳或塑料绳等材料，避免刮（刺）破棚膜或损伤功能层。

（2）钢制拱架在太阳光照射下，升温迅速，其与棚膜接触部位温度显著高于棚膜其他部位，树脂的光氧化降解和热氧化降解速度加快，易发生超速老化现象（也称“背板效应”，如流滴膜在钢制拱架处易产生三角形悬滴区和开裂区）。

（3）拱架弧度不一致或者安装高度（倾斜度）不一致的情况下，用压膜线压牢棚膜后，拱架间的棚膜上会出现明显的横向皱褶，严重影响棚膜的流滴性，对作物生长产生不利影响。

（4）含硫、氯等酸性物质的农药喷到棚膜上，会与棚膜内添加的受阻胺光稳定剂发生反应，使其功能明显减弱或者丧失，还会影响其他功能性助剂作用的发挥。因此使用含硫、氯等的酸性农药时，应尽量防止喷洒到棚膜表面上。另外，棚内熏蒸消毒时，如使用含硫的熏蒸剂，燃烧时产生的硫化合物（二氧化硫、三氧化硫）会随棚膜的微孔隙进入棚膜内，即会与棚膜内添加的受阻胺光稳定剂发生反应，又能与过渡金属化合物发生反应形成有害的光敏性离子，加速棚膜老化。因此在棚内应谨慎使用含硫的熏蒸剂。

（5）对于有特殊覆盖要求的棚膜，厂家一般会在说明书中予以提示。如内添加型消雾流滴膜，内含的流滴剂、消雾剂需向表面迁移后才能发挥正常的消雾流滴作用，因此扣棚时间一般要比其他棚膜早约一周。故选用特殊性能的棚膜时需提前了解该棚膜的使用要点，以便于其功能的充分发挥。

（6）使用功能性地膜进行覆盖栽培时，应注意提高整地质量，防止较大的残茬、秸秆刺破地膜。尤其是使用可降解地膜覆盖栽培时，如果土壤中存在较大的残茬、秸秆或土块，其与降解地膜接触部位温度会因受太阳辐射显著升高，加速该部位地膜降解，导致地膜提前破裂降解。

部分功能性农膜的简易鉴定方法

如何区分流滴棚膜与普通棚膜

流滴棚膜分为内添加型和涂覆型流滴膜两种。与普通棚膜相比，内添加型流滴膜手感两面均有黏涩感，并能观察到少量白色析出物；涂覆型棚膜一面有黏涩感而另一面手感光滑。在使用热合机焊接棚膜时，内添加型流滴棚膜双面均可焊接，但涂覆型流滴膜仅无涂覆层的外表面可以焊接，有涂覆层的一面无法焊接。

无论是内添加型流滴膜还是涂覆型流滴膜，将其倒扣在装有60℃热水的大口杯上（涂覆型应当涂覆面向内），用绳捆扎，经过15分钟左右观察，流滴膜内表面会形成一层透明水膜，而普通农膜采用同样方法会观察到悬滴。

如何区分高保温棚膜与普通棚膜

高保温农膜一般是高含量乙烯—醋酸乙烯共聚物（VA ≥ 6%）添加高档保温剂生产的棚膜，手感柔软，裁剪成膜条后有弹性、拉力好，对膜条用力拉伸后，膜条会由透明变得发白（高档保温剂水滑石的原因)。普通棚膜手感较高保温棚膜硬，弹性差，用力拉伸膜条不会变白。

农膜发展史

农膜源于塑料工业的发展，是以热塑性塑料为原料，添加功能性助剂，通过塑料机械加工，采用挤出吹塑成型法、压延成型法或流涎成型法制成的用于农业生产、包装、贮藏等用途的塑料薄膜。农膜作为现代农业保护地栽培最重要的生产资料，具有调节光、温、水、气等多种生态因子的功能，已经广泛用于农业生产。

塑料薄膜在农业领域的应用可追溯到20世纪40—50年代，是伴随近代设施园艺的兴起逐步发展起来的。美国首先将塑料薄膜应用于设施园艺领域。随后，日本从美国引进了农用塑料薄膜应用技术，于1951年将聚氯乙烯薄膜应用于蔬菜育苗；1954年聚乙烯农膜进入实用化阶段；1956年制定了农用聚乙烯薄膜工业生产标准……随着不断的科学试验和农膜生产技术的提高，农膜开始大范围的应用于日本农业生产当中。

我国对农膜研究和使用虽然起步较晚，但发展迅速：20世纪50年代末开始利用聚氯乙烯薄膜作为棚膜进行小拱棚覆盖栽培试验，60年代后期，聚氯乙烯普通棚膜应用于中小棚栽培，80年代中后期用流滴膜替代玻璃作为温室透明覆盖材料；1979年从日本引进聚乙烯地膜的生产工艺和覆盖栽培技术，地膜覆盖栽培开始大面积推广。2014年，我国农膜总产量已达220万吨，其中棚膜100万吨，地膜120万吨，高居世界首位。

随着塑料材料技术的进步，农膜原料范围越来越广，已由最初的聚氯乙烯、聚乙烯发展到乙烯—醋酸乙烯共聚物、茂金属聚乙烯、有机氟树脂、聚乳酸、聚碳酸酯、聚丁二醇共聚酯类、淀粉等多种原材料。此外，加工精度越来越高，已由最初的单层单色加工工艺发展到2～5层共挤，涂覆、分条带配色、配料等多种工艺。纵观农膜生产技术发展，农膜产品呈现出了明显的世代性特征（表1和表2），作物专用型的多功能棚膜及高效能、易回收、可降解的专用地膜已经成为目前农膜生产应用领域主要发展趋势。

表 1　主要棚膜产品发展世代

世代	名　称	简要描述
1	普通膜（俗称单防膜）	以聚氯乙烯、聚乙烯等为原料，采用单层压延或吹塑工艺，具有透光、保温功能
2	耐老化流滴膜（俗称双防膜）	以聚氯乙烯、聚乙烯、流滴剂、防老化助剂等为原料，采用单层压延或吹塑工艺，耐老化性能增强，具有流滴功能，透光率高，升温快
3	长寿流滴消雾膜（俗称三防膜）	以聚氯乙烯、聚乙烯、乙烯一醋酸乙烯聚物、茂金属聚乙烯等为原料，内添加流滴剂、消雾剂、长寿助剂等多种功能助剂，主要采用三层共挤吹塑工艺，实现了棚膜的长寿、消雾、流滴等多种功能
4	涂覆型长寿流滴消雾膜（俗称 PO 膜）	以聚乙烯、乙烯一醋酸乙烯聚物、茂金属聚乙烯等为原料，除在棚膜内添加保温剂、长寿助剂等助剂外，采用吹塑涂覆工艺，在棚膜表面涂覆具有流滴消雾功能的涂覆液，增加了棚膜透光率和防老化性能，实现了流滴消雾功能期与寿命同步
5	五层共挤多功能复合膜	原料除聚乙烯、乙烯一醋酸乙烯聚物、茂金属聚乙烯、聚丙烯外，还拓展至聚酰胺等树脂。采用五层共挤工艺，添加多种功能助剂，可同时实现流滴、消雾、转光、长寿、高保温、高强度等多种功能
6	作物专用膜	依据不同作物对光、温等环境因子的需求，采用相应的工艺和助剂，实现作物专膜专用，是今后棚膜发展的重要方向

表 2　主要地膜产品发展世代

世代	名称	简要描述
1	普通地膜	以聚乙烯为主要原料，采用吹塑工艺加工而成的无色透明地膜，实现保温、保墒等功能，一般产品寿命 90 天左右
2	长寿地膜	以聚乙烯为主要原料，采用吹塑工艺，添加防老化助剂，具有保温、保墒、耐老化等功能，一般产品寿命 180 天以上
3	功能性地膜	以聚乙烯为主要原料，采用吹塑工艺，通过添加不同助剂或打孔切口，除保温、保墒外，还可实现流滴、防草、反光、驱虫、透气、调温、易出苗等单一或复合功能
4	配色地膜	以聚乙烯为主要原料，采用双（多）机共挤吹塑工艺，通过添加颜料、除草剂、转光剂、保温剂等助剂加工成多条带地膜，实现定向防草和调温等多种功能
5	降解地膜	以淀粉、聚乳酸、聚酯等为生物降解材料，或者聚乙烯添加光敏剂、热氧化剂等为主要原料，采用吹塑工艺加工而成的生物降解地膜、光降解地膜和光热氧化生物降解地膜，可实现全部或部分降解
6	专用地膜	依据不同作物对温、光、水、气等环境因子的需求，采用相应的工艺和助剂，实现作物地膜专用，是今后地膜发展的重要方向